园林害虫无公害防治手册

桂炳中　主编

中国农业科学技术出版社

图书在版编目（CIP）数据

园林害虫无公害防治手册/桂炳中主编．—北京：中国农业科学技术出版社，2014.3

ISBN 978-7-5116-1222-9

Ⅰ.①园… Ⅱ.①桂… Ⅲ.①园林植物—病虫害防治—手册 Ⅳ.①S436.8－62

中国版本图书馆 CIP 数据核字（2014）第 039915 号

责任编辑 闫庆健　范　潇
责任校对 贾晓红

出 版 者 中国农业科学技术出版社
北京市中关村南大街 12 号　邮编：100081
电　　话 （010）82106632（编辑室）（010）82109704（发行部）
（010）82109709（读者服务部）
传　　真 （010）82106625
网　　址 http://www.castp.cn
经 销 者 各地新华书店
印 刷 者 北京昌联印刷有限公司
开　　本 880mm×1 230mm　1/32
印　　张 4　彩插 26 页
字　　数 97 千字
版　　次 2014 年 3 月第 1 版　2014 年12 月第 2 次印刷
定　　价 38.00 元

本书编写人员名单

主　编　桂炳中

副主编　徐现杰　张军海

编　委　（按姓氏笔画排序）

杨红卫　及瑞芬　罗华英　王谊玲

马晓辉　韩　宁　李湘华　史国平

李树蕾

前　言

园林植物害虫防治是绿化养护中很重要的一项工作。随着人们生活水平不断提高，城镇绿化面积不断扩大，对环境要求越来越高，园林植物害虫的无公害防治愈加重要。我们对华北地区一些城市和矿区常见园林害虫进行了调查，组织编写了本书。书中简明阐述了常见和新发现园林植物害虫的种类识别、为害特点及发生规律，系统介绍了园林植物害虫无公害防治方法。

本书为读者提供了大量园林害虫彩色照片，许多照片为首次发表。本书适用于园林技术人员、绿化养护人员、绿化单位和住宅小区绿化人员参考使用。编写过程中，查阅相关文献，参考大量园林植保专家的专著、论文，在此一并感谢。

由于园林植物害虫种类繁多，加之编者水平和时间有限，书中错误之处在所难免，敬请广大读者批评指正，以便今后修改补充。

编者

2013 年 11 月

目　录

绪论　园林植物害虫无公害防治技术

园林害虫无公害防治，是指对环境不造成污染，不产生公害的防治技术和方法。近十几年来，通过实践的总结，园林绿化系统先后试验、推广各类无公害农药和防治方法，如采用 Bt 可湿性粉剂、除虫脲、米满、阿维菌素、吡虫啉、频振式杀虫灯、树木注干、释放天敌、性引诱剂等。这些药物和技术的推广应用，既有效控制了园林害虫的发生，又防止了人畜中毒和环境污染。

（一）加强预测预报

为了加强园林害虫防治工作，及时有效防治害虫提供准确依据，安装自动虫情测报灯是对害虫发生进行预测与预报的一种有效手段。自动虫情测报灯是通过远红外杀虫，致使诱到的昆虫能在较短的时间内死亡，保持虫体干燥、清晰，烘干后落入虫袋，再由人工进行分类、鉴定和统计。通过统计某一时期害虫发生的主要种类和数量，比较准确的预测出某一种害虫的大发生期，指导园林工作者采取有效的防治措施，从而做到将其消灭在危害前期，提高园林害虫的综合防治水平。

应用虫情测报灯分析害虫发生的种类及趋势

（二）园林栽培技术防治

1. 清理绿地卫生

通过清理绿地卫生，创造有利于园林植物生长发育，而不利于害虫生存的环境条件，以达到控制害虫的目的，这是园林栽培管理技术防治的一种措施。

2. 科学合理配植

树种配置合理能减轻或抑制害虫的为害，如绿篱上介壳虫发生严重，其重要原因就是因为绿篱栽植过密、通风不良所致；配植树木时要注意植物的他感作用，如梨、海棠、苹果和桑树、无花果等树种近距离配置栽培，会造成桑天牛为害严重。因此，在园林设计工作中，植物的配植不仅要考虑景观效果，还要科学合理，以达到对害虫综合防治的目的。

3. 肥水管理技术

根据不同植物对环境条件的要求，有针对性地采取浇水、施肥、修剪、伤口保护、防旱、排涝、土壤改良、小环境的改造等养护管理措施，创造有利于植物生长，增强抵抗力，而不利于害虫孳生、发展和为害的环境条件，防止或减少害虫的发生。

（三）人工物理防治

人工物理防治行之有效、简便易行，是当前园林植物害虫防治的重要手段。日常应用的主要有人工捕杀、灯光诱杀、潜所诱杀、色板诱杀、粘虫胶阻杀等方法。

1. 人工捕杀

利用人力与简单器械防治害虫是人工防治的一种方法。主要包括人工捕捉成虫或幼虫、人工挖蛹、采摘卵块虫苞、剪除网幕、钩杀蛀干害虫、结合修剪剪除有虫枝等。

剪除网幕

采摘卵块

人工捕杀不污染环境，不伤害天敌，安全可靠，简便易行。

2. 灯光诱杀

利用害虫对灯光的趋性，设置杀虫灯将其诱集后灭杀。频振式杀虫灯是利用害虫趋光、趋波、趋色、趋性信息素的特点，将光的波段、频率设定在特定范围内，灯外配以频振电压网，害虫触网后落入集虫袋中，以达到杀灭成虫，控制为害和监测害虫发生期和发生量的目的。

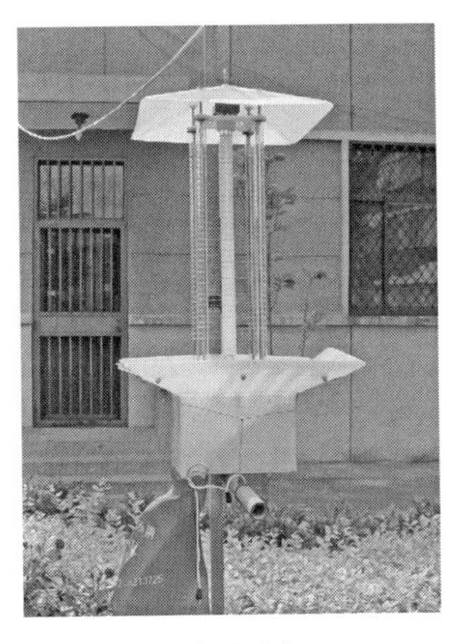

频振式杀虫灯

频振式杀虫灯能避开诱集天敌的光源、波长和波段，从而又达到保护天敌的效果。利用杀虫灯诱杀害虫操作方便、成本低、使用安全、保护环境，既可防治又可监测，而且效果显著。

3. 潜所诱杀

利用害虫在某一时期喜欢某一特殊环境的习性，人为设置类似的环境来诱杀害虫。如在树干上绑草把，引诱美国白蛾幼虫化蛹，然后集中消灭。

树干上绑草把

4. 色板诱杀

色板诱杀小绿叶蝉

色板诱杀白蜡哈氏茎蜂

昆虫对色彩的趋性是其在进化过程中形成的最主要的趋性之一，色板诱杀是利用害虫对不同色彩的趋性进行防治的一种方法。如白蜡哈氏茎蜂、白粉虱、小绿叶蝉、蚜虫等害虫成虫羽化前，将黄色黏虫板悬挂于寄主植物周围引诱并粘附害虫致其死亡，可以有效减少虫口密度。此方法绿色环保、成本低，全年应用可大大减少用药次数。

5. 粘虫胶阻杀

粘虫胶作为防治园林害虫的无公害产品，已广泛应用。具有操作简便、维持时间长、防治效果显著、无污染、成本低廉等优点。适用于防治草履蚧、蚜虫、螨、斑衣蜡蝉等害虫，尤其对具有上下树习性的害虫防效最佳。其操作方法如下。

刮除老翘皮

涂抹粘虫胶

（1）涂胶高度及宽度：在树木主干 1.3m 处涂胶，涂胶的宽度为 5cm 左右，绕树干环涂一周。虫口密度很高时，可以适当涂宽胶环或涂抹两个胶环。

（2）树干处理：要求树干涂胶处光滑。应该先刮除老树皮、翘树皮或用泥巴将树皮的裂缝抹平整；用胶带缠绕在树干呈闭合环状。

阻杀斑衣蜡蝉

阻杀桑剑纹夜蛾

（3）涂胶量：利用平头小铲将粘虫胶铲出，绕树皮一周涂薄薄的一层。

（4）涂胶时间：在害虫上下树之前进行。如草履蚧一般在 3 月中旬后，若虫开始上树之前涂抹；柳毒蛾在 4 月初进行；螨类一般在

3月上旬进行。

（四）生物防治

生物防治是利用生物及其代谢物防治害虫的一种方法，不仅可以改变生态环境中生物种群的组成部分，而且可以直接杀灭害虫，对人、畜、植物安全，是无公害防治的重要方法。生物防治主要表现在药剂的应用及施用方法上，包括微生物农药、植物源农药及仿生农药的应用，昆虫天敌的释放，性引诱剂应用等。

1. 微生物农药的应用

（1）苏云金芽孢杆菌（*Bacillus thuringiensis*），简称Bt。

苏云金芽孢杆菌是目前世界上应用最广泛的细菌微生物杀虫剂，它能产生内、外两种毒素，主要是胃毒作用，害虫吞食后进入消化道破坏昆虫中肠道内膜，致使昆虫因饥饿和败血症而死亡。残效期10天左右，具有对人畜安全，对园林植物无药害，对环境无污染，不杀伤天敌等优点。主要用来防治尺蠖、刺蛾、夜蛾、天蛾等多种鳞翅目害虫。

施用Bt后虫体倒挂死亡状

使用时应注意：①Bt杀虫速度缓慢，用药时间应比化学农药提

前2~3天。它本身是一种菌，不能与杀菌剂混用，但可和低浓度菊酯类农药混用，可提高防效。在菌液中加入0.1%洗衣粉，能增加其粘着力。②使用Bt农药的适宜温度在20℃以上，温度低到一定程度，会使该药完全失去杀虫作用。③环境湿度越大，其防效发挥得越好。④强烈阳光中紫外线对细菌芽孢有破坏作用，中到大雨会冲刷喷洒在植株茎叶上的药液，降低防治效果。

（2）球孢白僵菌（*Beauveria bassiana*）。

球孢白僵菌是一种微生物杀虫剂，属真菌类。其杀虫机理为分生孢子落在昆虫体上，在合适温湿度条件下，可发芽直接侵入昆虫体内，以昆虫体内的血细胞及其他组织细胞作为营养，大量增殖，以后菌丝穿出体表，产生白粉状分生孢子，从而使害虫呈白色僵死状，又称为白僵虫。

球孢白僵菌无毒无味，无环境污染，对害虫具有持续感染力，感染后约经4~5天后死亡，死亡的虫体体表长满菌丝及白色粉状孢子，孢子可借风、昆虫等继续扩散，侵染其他害虫。主要用于防治蛴螬、介壳虫、白粉虱、蚜虫、蟋蟀、棉铃虫、跳盲蝽、天牛、美国白蛾、小绿叶蝉、桃小食心虫等害虫。

使用时应注意：①菌体遇到较高的温度自然死亡而失效，适宜的温度为24~28℃。②菌液配好后要于2小时内用完，以免过早萌发而失去侵染能力。③人体接触过多，有时会产生过敏性反应。

（3）阿维菌素（Abamectin），又称齐螨素、虫螨克星、爱福丁等。

阿维菌素是一种抗生素类杀虫、杀螨、杀线虫剂，属昆虫神经毒剂，主要干扰害虫神经生理活动，使其麻痹中毒死亡。阿维菌素具有胃毒和触杀作用，杀虫、杀螨活性高，并有微弱的熏蒸作用，无内吸性，对尚未完成胚胎发育的卵无效，但对即将孵化的卵有一定的杀伤作用。喷雾后对叶片有很强的渗透作用，残效期长，可杀死叶片表皮下的害虫，且受降雨的影响小。阿维菌素主要用来防治螨虫，也可防治蚜虫、潜叶蛾、食心虫、木虱等害虫。

使用时应注意：①不能与碱性农药混合使用。②害虫低龄期防治效果好。③无内吸性，喷雾时要均匀周到。④强光下易分解，宜在早晨或傍晚用药。

2. 植物源农药的应用

植物源农药是从天然产物中提炼的一种杀虫活性物质，主要有1.2%苦·烟乳油、0.5%黎芦碱可溶性液剂、0.5%苦参碱水剂等。

（1）苦·烟乳油（Matrine），又称百虫杀。

1.2%苦·烟乳油的杀虫成分为天然生物碱，对人畜基本无毒。在自然环境中易分解，长期使用不会给环境造成污染，也不会给园林植物造成药害。它兼具触杀和胃毒作用，持效期7天左右。主要用来防治蚜虫和鞘翅目害虫。

使用时应注意：①不要与其他化学农药任意混用，以免造成不良后果。②均匀地喷洒于植物表面。③使用时注意天气变化，雨前雨后均不宜使用，以免影响药效。

（2）黎芦碱（Veratrine）。

0.5%黎芦碱可溶性液剂是以中药材为原料经乙醇萃取而成的一种杀虫剂，对害虫具有触杀、胃毒作用。主要用于防治蚜虫、棉铃虫、天蛾等害虫。

使用时应注意：①害虫低龄期施药效果较好，宜在晴天傍晚或阴天用药。②大风天或雨前不要施药。③不能与强酸、强碱性农药混配使用。④应与其他杀虫剂交替使用，以延缓害虫产生抗药性。

3. 仿生农药的应用

仿生农药（昆虫生长调节剂）是生物体合成的化合物，其毒性极低，不易形成抗药性，不污染环境，与多数农药相混不易发生化

学反应。

(1) 灭幼脲（Chlorbenzuron），又称灭幼脲3号。

灭幼脲对害虫以胃毒作用为主，兼有一定的触杀作用，能够抑制昆虫几丁质合成酶的形成，导致幼虫不能生成新表皮，阻碍蜕皮变态而死亡，同时能抑制卵内胚胎发育过程中几丁质的合成，使卵不能正常孵化。一般在幼虫取食3~4天后开始死亡，药效期可达30天左右，粘着力好，耐雨水冲刷。灭幼脲属低毒杀虫剂，对人、植物和天敌较安全且不污染环境，对鳞翅目幼虫和双翅目幼虫活性高，可用来防治国槐尺蠖、霜天蛾、刺蛾、舞毒蛾、柳毒蛾等害虫。

使用时应注意：①药剂在贮存过程中有沉淀现象，使用前应先摇匀。②不能与碱性或强酸性物质混用，以免分解失效。③灭幼脲杀虫机理特殊，杀虫速度慢，应在害虫低龄时使用。④无内吸作用，喷药时务必均匀周到。

(2) 除虫脲（Diflubenzuron），又称灭幼脲1号、敌灭灵等。

除虫脲的作用机理同灭幼脲相同，对鳞翅目幼虫有特效，对鞘翅目、双翅目多种害虫也有效，药效期约40天，对卵有毒杀作用。此药比灭幼脲药效期虽仅长10天左右，但对防治美国白蛾等完成一代生活史需30~40天的害虫极为有利，与使用灭幼脲相比，可减少打药次数，降低防治成本。

(3) 氟铃脲（Hexaflumuron），又称杀铃脲、农梦特、盖虫散等。

氟铃脲是一种苯甲酰脲类昆虫几丁质合成抑制剂，能抑制昆虫表皮几丁质的生物合成，使害虫在蜕皮或变态过程中死亡；还能导致成虫不育，并有较强的杀卵作用。具有高效、广谱、低毒，对天敌安全等特点，但对蚜虫、螨类等刺吸式口器害虫无效。氟铃脲对害虫的作用与除虫脲、灭幼脲等基本相同，以胃毒作用为主，兼有触杀作用，但其杀虫效果较其他几种苯甲酰脲类杀虫剂击倒力强，作用迅速，并有较高的接触杀卵活性。主要用于园林植物中的鳞翅目、鞘翅目和同翅目等害虫的防治。

（4）米满（Tebufenozide），又称虫酰肼、特虫肼、菜螨等。

米满作用机理独特，是促进鳞翅目幼虫蜕皮的仿生杀虫剂。幼虫取食喷有米满的植物叶片6～8小时后即停止进食、进水，使幼虫的旧表皮内不断形成畸形新生皮，并提前进行蜕皮反应，开始蜕皮，由于不能正常蜕皮而导致幼虫脱水、饥饿而死亡。它具有胃毒和触杀作用。主要用来防治国槐尺蠖、霜天蛾、刺蛾、舞毒蛾、柳毒蛾等鳞翅目害虫。

使用时应注意：①配药时应先将药剂摇匀，再均匀喷洒。②米满对低龄幼虫防治效果较好。③长期使用易使害虫产生抗药性，应注意与其他药物交替使用，特别是与Bt的轮换使用较好。

4. 昆虫天敌的释放

自然界中，一种动物被另一种动物所捕食或寄生而致死亡，这种具有主动进攻的捕食或寄生性动物是被捕食或被寄生动物的天敌。昆虫天敌种类很多，园林中常用于害虫生物防治的天敌有白蛾周氏啮小蜂、花绒寄甲、肿腿蜂、瓢虫等。

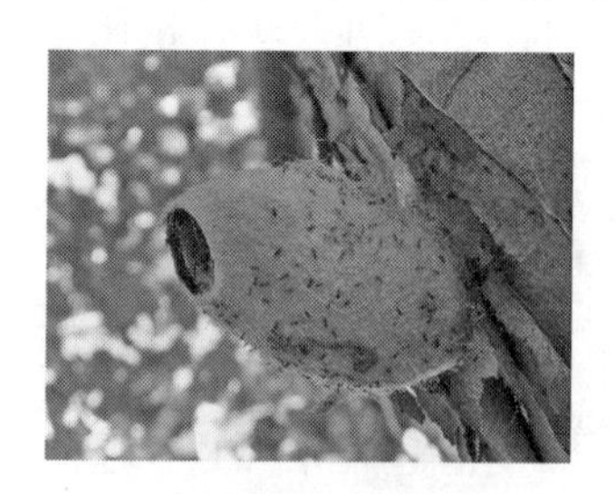

白蛾周氏啮小蜂

白蛾周氏啮小蜂寻找美国白蛾老熟幼虫

（1）白蛾周氏啮小蜂（*Chouioia cunea* Yang），属膜翅目姬小蜂科。

白蛾周氏啮小蜂是美国白蛾的重要寄生性天敌，其寄生能力强，繁殖量大，在寄主的蛹内吸食营养将害虫杀死，对控制美国白

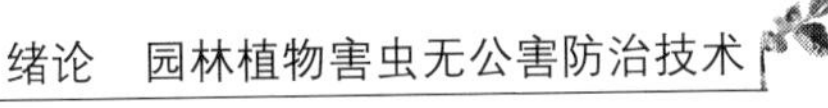

蛾的猖獗为害起着重要作用。

白蛾周氏啮小蜂除寄生美国白蛾蛹外，还可以寄生大蓑蛾、柳毒蛾、榆毒蛾、国槐尺蠖、杨扇舟蛾和桃剑纹夜蛾等多种鳞翅目食叶害虫。这些食叶害虫的蛹期相互衔接，利用周氏啮小蜂防治美国白蛾时，在两代美国白蛾蛹之间，小蜂可以在这些寄主上寄生，因而可以在自然界保持较高的种群数量，在下一代美国白蛾蛹期，又可转而寄生美国白蛾，达到持续控制美国白蛾的效果。利用白蛾周氏啮小蜂进行生物防治，不仅能有效地控制美国白蛾的为害，而且对其他鳞翅目害虫也有很好的控制作用。

放蜂方法：将茧孔悬挂在距地面 2m 以上的树干上，一般按一只美国白蛾幼虫放 3 ~5 头白蛾周氏啮小蜂为宜。

（2）花绒寄甲（*Dastarcus helophoroides* Fairmaire），属鞘翅目坚甲科，别名花绒坚甲、花绒穴甲、木蜂寄甲和缢翅寄甲等。

花绒寄甲寄生于光肩星天牛、锈色粒肩天牛、桑天牛和刺角天牛等多种天牛的幼虫、蛹和刚羽化的成虫，是天牛的重要体外寄生性天敌之一。其成虫将卵产在天牛幼虫附近，待孵化后爬入天牛蛀道内寻找到寄主，随即附着在天牛幼虫节缝间，分泌毒素将寄主麻醉，寄生在寄主体内取食，一周左右可将天牛幼虫食尽。

释放方法：寄甲成虫防治天牛，每棵树放两只；采用卵卡防治，每棵树挂一张卵卡。寄生率可达 70% ~90%。

释放花绒寄甲

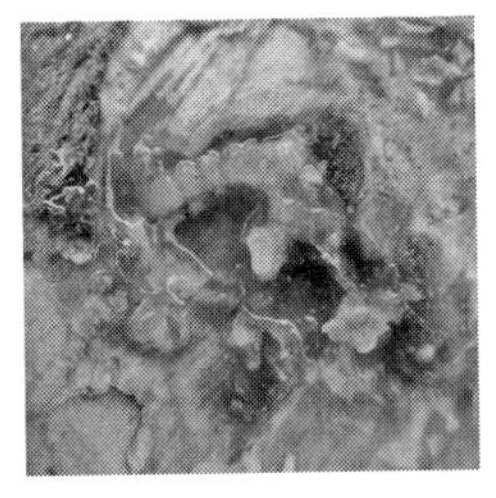

花绒寄甲寄生天牛幼虫

（3）川硬皮肿腿蜂（*Scleroderma sichuanensis* Xiao），属膜翅目肿腿蜂科。

川硬皮肿腿蜂释放方法（1）

川硬皮肿腿蜂释放方法（2）

川硬皮肿腿蜂能够杀灭中小型天牛、吉丁虫等树木钻蛀性害虫，它有自动搜索寄主信号的能力，可在树皮外感知寄主的为害部位，沿着寄主的排粪孔搜索，找到寄主后先释放毒素、将其麻醉后把卵产在寄主体内，靠寄主的体液和营养生存，繁衍自己的后代。

使用方法：①主要寄生中小型天牛，害虫太大，释放的毒素难以麻醉害虫。②释放时间必须是害虫的幼虫发育阶段。③释放前必须检查树木有无受天牛为害排出的粪便，在虫孔较集中的附近释放为好。④放蜂前检查有无大量蚂蚁存在，以保证肿腿蜂的安全。⑤按害虫与天敌1：10的比例释放，每株树10～20头为宜。⑥日平均温度20℃以上放蜂较好，气温低时蜂的活动能力下降；释放时，需将堵口的棉球取出，管口向下挂于树木上的小枝或用小钉钉在树干上，棉球放在边上，高度应在2m以上。⑦释放昆虫天敌的区域，15天内原则上不能再使用广谱性化学杀虫剂。

5. 性引诱剂应用

昆虫雌蛾羽化后，会分泌性激素，产生较强的信息作用，吸引雄蛾前来交配。人工合成的性信息素（性引诱剂），应用在园林中可诱杀大量雄成虫，使雌蛾得不到交配机会，产下未受精卵而不能

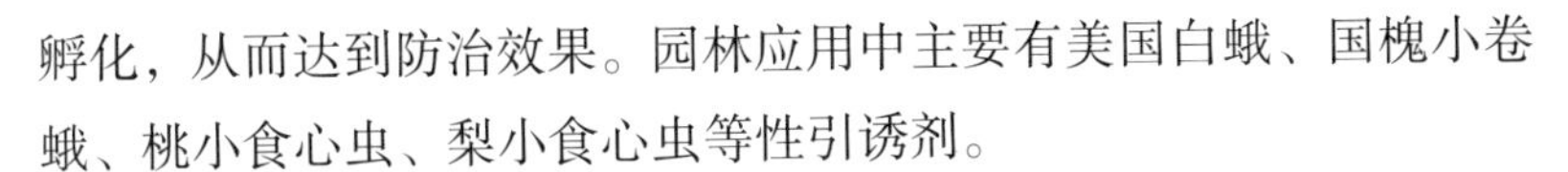

孵化，从而达到防治效果。园林应用中主要有美国白蛾、国槐小卷蛾、桃小食心虫、梨小食心虫等性引诱剂。

（1）美国白蛾性引诱剂

使用方法：①春季，诱捕器安装高度为树冠下层枝条（2.0～2.5m）处为宜；夏季，以树冠中上层(5～6m)处设置为宜。②每100m安装一个诱捕器。③50～60天更换一次诱芯。④性信息素诱芯产品易挥发，存放时需在冰箱中冷藏，使用时再打开密封包装袋。

悬挂美国白蛾诱捕器

诱杀对象—美国白蛾雄成虫

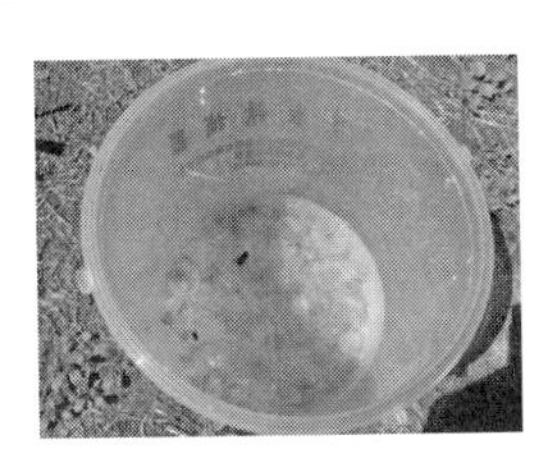

诱捕器诱杀效果

（2）国槐小卷蛾性引诱剂

国槐小卷蛾诱捕器制作、悬挂方法：①用瓦楞板做成白色三角形诱捕器，两端为等边三角形，边长20cm，棱长25cm。②底部采用白色粘虫板，粘杀诱到的雄成虫。③诱芯悬挂在诱捕器中间，距底部1cm左右。

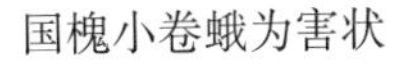

国槐小卷蛾为害状

悬挂国槐小卷蛾诱捕器

（3）梨、桃小食心虫性引诱剂

梨、桃小食心虫诱捕器和诱芯使用和安装方法与国槐小卷蛾的相同。

梨小食心虫诱捕器

桃小食心虫诱捕器诱芯

(五)几种常见无公害农药的应用

1. 烟碱类农药

(1)吡虫啉

树干注药

吡虫啉，别名一遍净、康福多等，属硝基亚甲基杂环类产品，是一种强内吸性杀虫剂。

吡虫啉对刺吸式口器害虫有特效，对蚜虫、叶蝉、粉虱等有高活性，不易产生交互抗性，是一种理想的内吸性杀虫剂。它不仅有良好的触杀活性，而且具有强烈的胃毒活性和内吸活性，进行茎叶喷雾可有效防治同翅目、半翅目、双翅目、等翅目及部分鳞翅目害虫。吡虫啉药剂注入天牛排泄孔也可有效杀灭天牛幼虫，药后1天即有较高的防效，持效期可达25天左右。吡虫啉对人、畜、植物和天敌安全。

(2)啶虫脒

啶虫脒，别名定击、莫比朗等，属高效新型烟碱类杀虫剂。虽然它与吡虫啉属同一系列，但它的杀虫范围比吡虫啉更广，对害虫

的防治效果更好。除具有超强触杀、胃毒、强渗透作用，还有内吸性强、用量少、速效性好、持效期长等特点，可达到正面喷药，反面死虫的效果。主要用于防治蚜虫、叶蝉、粉虱等同翅目害虫，对蛴螬、康氏粉蚧等害虫防治也有显著效果。

2. 农药新剂型—微胶囊剂

微胶囊剂，是将原药包入到某种对人、畜无害的包囊材料中形成的一种新剂型。绿色威雷胶囊剂是针对天牛而开发的新农药，胶囊内充满农药药剂，天牛成虫踩触时药剂即可破囊，一次性地释放出足以致死天牛成虫的有效剂量，而且药物作用点又是天牛保护机能最薄弱的跗节和足部，通过节间膜进入天牛体内，进而迅速杀死天牛成虫。因此，对天牛产生特效，同时又不伤天敌。

8%绿色威雷触破式微胶囊剂主要用来防治光肩星天牛、桑天牛、桃红颈天牛等多种天牛成虫，以当年第一批天牛羽化出孔时喷药为最佳时机，可将新羽化的天牛成虫在其出孔后数小时内杀死，以避免其再取食和产卵为害。除防治天牛外，也可防治象甲、蝗虫等多种鞘翅目、直翅目害虫成虫。

使用时应注意：①长期存放分成上下两层，下层为微胶囊有效成分，使用时用力摇晃。②喷药位置在树干、大枝及天牛成虫喜出没之处。③喷药以树皮湿润为宜。④防治时间为当年第一批天牛羽化出孔高峰期。⑤防治羽化期3个月以上的天牛成虫，应于羽化中后期再施药一次。

（六）农药的无公害施用方法

农药的无公害施用方法，是在施药部位上，选用内吸输导药剂，在对环境和人体不直接造成为害的部位施药，从而达到杀灭害虫的目的。如树干注吡虫啉用来防治光肩星天牛、木蠹蛾；干茎涂环防治柳毒蛾和草履蚧等。

树木打孔注药

1. 树木打孔注药

树木打孔注药主要是用来防治光肩星天牛、介壳虫、榆蓝叶甲等害虫。其方法是在树干下距地面 5～10cm 处打孔，孔径 0.8～1.0cm，深 3.0～5.0cm，孔口稍高，以防止药剂流出。各孔位在树干周围应分布均匀，并上下错开成“品”字形排列，上、下两孔垂直距离大于 20cm。每株按每胸径 1cm 注入 1ml，稀释 50～100 倍的吡虫啉或啶虫脒药液，然后用药泥封口。

2. 根施

采用 3% 呋喃丹颗粒剂，按 5～6g/m^2 埋根处理，埋药深度为20～30cm，施后及时浇透水有较好的防治效果，基本不污染环境，可用于防治月季茎蜂、卫矛矢尖盾蚧、蚜虫、榆蓝叶甲等害虫。

根施药剂

3. 干茎涂环

干茎涂环具有对环境污染小，防治效果好的特点。

具体方法：用阿维菌素和机油按 1∶20 混合，在成虫羽化前，于树干基部和胸径处涂闭合药环，可阻隔木蠹蛾和春尺蠖雌成虫上树产卵。用氯氰菊酯和机油 1∶100 混合，在光肩星天牛羽化期，于悬铃木、柳树主干与主枝分枝处涂闭合药环，可杀死光肩星天牛成虫，防止刻槽产卵。

干茎涂环

一、刺吸式害虫

1 –01 茶翅蝽

学名： *Halyomorpha picus* Fabricius，属半翅目蝽科，别名臭大姐、茶色蝽。

分布： 全国各地。

寄主： 刺槐、榆、无花果、丁香、石榴、泡桐、桃、海棠等多种园林植物。

发生与为害： 华北地区一年发生 1 代，以成虫在草堆、树洞等处越冬。翌年 5 月越冬成虫开始活动，6 月产卵，卵期 7 天左右，成虫一生可产卵 5 ~6 次。7 月上旬若虫孵化为害，以成虫和若虫刺吸寄主嫩叶、嫩茎和果实汁液，造成叶片枯黄，提早落叶，被害嫩梢停止发育，受害果实发育不良。因成虫和若虫受惊时能分泌出臭液防敌，故此得名臭大姐。9 月成虫陆续越冬（彩图 1-01-1 ~ 1-01-2）。

1 –02 麻皮蝽

学名： *Erthesina fullo* Thunberg，属半翅目蝽科，别名黄斑蝽、麻蝽象。

分布： 全国各地。

寄主： 白蜡、榆、柿、合欢、悬铃木、桃、国槐、刺槐、泡桐、樱花、海棠等多种园林植物。

发生与为害：华北地区一年发生1代，以成虫在向阳面的墙缝间、树皮缝等处越冬。翌年4月下旬至5月上旬开始为害，5月下旬开始产卵，卵产于叶背，卵期10天，若虫五龄。以成虫和若虫吸食寄主叶片、嫩茎尖、幼果的汁液，被害部位呈苍白色斑点，影响植物正常生长。8月底成虫陆续越冬（彩图1-02-1、1-02-2和1-02-3）。

1－03 红脊长蝽

学名：*Tropidothorax elegans* Distant，属半翅目长蝽科，别名黑斑红长蝽。

分布：北京、天津、江苏、河南、浙江、江西、广东、广西、四川、云南、台湾等地。

寄主：海州常山、刺槐、花椒、一串红、翠菊、葫芦等植物。

发生与为害：华北地区一年发生2代，以成虫在寄主附近的树洞、枯叶、石块和土块下面的穴洞中结团越冬。翌年4月开始活动，5月上旬交尾，卵成堆产于土缝里、石块下或根际附近土表，每堆30枚左右。5月底至6月中旬出现第一代若虫，8月上旬至9月中旬出现第二代若虫。成虫、若虫群集于寄主幼嫩茎叶上刺吸汁液，受害处呈褐色斑点，严重时导致叶片干枯脱落，植株枯萎。11月上中旬陆续进入越冬状态（彩图1-03-1～1-03-2）。

1－04 点蜂缘蝽

学名：*Riptortus pedestris* Fabricius，属半翅目缘蝽科。

分布：华北、华东、西南、东南等地。

寄主：苹果、梨、刺槐、三叶草等多种园林植物。

发生与为害：华北地区一年发生2代，以成虫在草丛和枯枝落叶中越冬。翌年3月出蛰活动，4～5月间产卵，卵多单粒散产于叶背、叶柄和嫩茎处，少数2粒在一起，每雌产卵21～49粒。以成虫、若虫刺吸寄主植物的叶、嫩芽和茎的汁液，常群集为害，致使花蕾凋落，还易诱发煤污病。成、若虫极活跃，早晚及阴天温度较低时活动稍迟缓。成虫飞翔能力很强，稍受惊扰，即迅速做远距离飞翔。10月底陆续进入越冬状态（彩图1-04）。

1－05 梨冠网蝽

学名： *Stephanitis nashi* Esaki et Takeya，半翅目网蝽科，别名军配虫、梨网蝽、梨花网蝽等。

分布： 北京、天津、河北、山东、河南、浙江、湖北、江西、湖南、福建、广东、四川、台湾等地，国外日本和朝鲜也有分布。

寄主： 梨、苹果、海棠、李、桃、山楂、沙果、杏、月季等植物。

发生与为害： 华北地区一年发生3～4代，以成虫在落叶间、树皮裂缝及土石缝中越冬。翌年4月下旬成虫陆续出蛰活动，从越冬场所迁飞群集在叶背取食和产卵，卵产在叶背组织内，常数十粒集产于一处，并有黄褐色粘液覆盖。5月中旬为第一代卵孵化盛期，6月初为孵化末期，并出现世代重叠现象。若虫孵化后，群集在叶背主脉两侧吸食为害，二龄后逐渐扩散，7～8月为害最重。成虫和若虫群集于叶背吸食汁液，被害处堆积黄褐色排泄物，叶面呈现苍白色小斑，严重时呈黄褐色锈斑，阻碍光合作用，引起叶片干枯脱落，还可诱发煤污病。10月中下旬陆续越冬（彩图1-05-1～1-05-2）。

1－06 甘薯跃盲蝽

学名： *Ectmetopterus micantulus* Horváth，属半翅目盲蝽科。

分布： 华北、华东、西南等地，国外朝鲜和日本也有分布。

寄主：白三叶、草坪草等地被植物。

发生与为害：华北地区一年发生4～5代，世代重叠，以卵在寄主的落叶或杂草中越冬。翌年5月上中旬越冬卵开始孵化，初孵若虫喜群居在植株下部叶片上为害，以成虫、若虫刺吸寄主茎叶的汁液，导致被害处形成苍白色小点，严重时连成一片，造成植株枯萎死亡，影响其观赏价值。甘薯跃盲蝽成虫趋光性弱，喜在阴凉环境中生活。10月份开始以卵陆续越冬（彩图1-06）。

蝽类的防治方法：

①冬春季清除绿地中的落叶、杂草，刮除老翘皮、树干涂白、人工捕杀成虫等，减少越冬虫源。

②成虫、若虫为害期，清晨可人工振落捕杀，卵期摘除卵块销毁。

③若虫发生期喷施0.5%藜芦碱可溶性液剂1 000～1 200倍液，或6%吡虫啉可溶性液剂3 000～4 000倍液，或3%啶虫脒乳油2 000～2 500倍液防治，或1.2%烟参碱乳油800～1 000倍液，或50%辛硫磷乳油800～1 000倍液等。

④保护和利用天敌，如平腹小蜂、瓢虫、草蛉等。

1－07 蚱蝉

学名：*Cryptotympana atrata* Fabricius，属同翅目蝉科，别名黑蚱蝉，俗称“知了”。

分布：辽宁、北京、天津、河北、山东、陕西等地。

寄主：杨、柳、榆、槐、白蜡、臭椿、石榴、海棠、木槿、樱花、悬铃木、桃、梨等园林植物。

发生与为害：华北地区蚱蝉一般4～5年完成1代，以若虫在土壤中或以卵在寄主枝条内越冬。若虫一生生活在土中，羽化前一天黄昏至夜间出土，爬到树干或枝叶上羽化。6月下旬成虫出现，寿命45~60天。7月下旬开始产卵，8月中旬为产卵盛期，产卵时多选4~5mm粗的枝梢，雌虫用产卵器刺破树皮，将卵产于木质部中，造成爪状裂口，树枝因疏导组织被破坏，导致枝梢枯死。以卵越冬者，翌年6月孵化，若虫落地钻入土中，吸食植物根部汁液，秋后转入深层土壤中越冬。翌年春季上移至土壤表层为害（彩图1-07-1~1-07-2）。

防治方法：

①剪除带卵枝条并烧毁。

②在傍晚和清晨人工捕捉。

③夜间在树下点火，摇振树干、树枝、成虫即飞向火堆可将其烧死。

④保护和利用天敌，如布谷、喜鹊等。

1 –08 大青叶蝉

学名：*Cicadella viridis* Linnaeus，属同翅目叶蝉科，别名大青浮尘子、大绿跳蝉、青叶跳蝉等。

分布：华北、东北、西北、华中等地。

寄主：海棠、桃、白三叶、草坪草等园林植物。

发生与为害：华北地区一年发生3代，以卵在寄主嫩枝和干部皮内越冬。翌年4月上中旬至5月初孵化，初孵若虫常群集于1个叶片上，后逐渐分散取食。成虫、若虫刺吸植物叶片、嫩茎，吸食汁液，致使受害部位褪绿呈苍白色，严重时叶片畸形、卷缩，甚至全叶枯死，还会传播病毒病，诱发煤污病。成虫有较强趋光性和一定的趋嫩绿性，受惊后快速飞逃。中午气温高时较活跃，早晨、黄昏温度较低时常潜伏不动（彩图1-08）。

防治方法：

①冬季和早春结合管理，清除寄主周围杂草，减少越冬虫源。

②灯光诱杀成虫。

③为害初期，在寄主周围悬挂黄色粘虫板诱杀。

④发生量较大时，可喷施1.2%苦·烟乳油800～1 000倍液，或6%吡虫啉可溶性液剂3 000～4 000倍液，或5%啶虫脒乳油5 000～6 000倍液防治。

⑤注意保护和利用天敌。

1－09 小绿叶蝉

学名： *Empoasca flavescens* Fabricius，属同翅目叶蝉科。

分布： 北京、天津、河北、山西等地。

寄主： 桃、桑、杨、李、梅、杏、苹果、月季、草坪等园林植物。

发生与为害： 华北地区一年发生4～6代，世代重叠，以成虫在杂草丛中或树缝内越冬。翌年春寄主萌芽后出蛰，刺吸嫩枝、嫩叶补充营养后交尾产卵，卵多产于新梢及叶脉组织内，若虫多在叶背为害，受惊后弹跳迁移。6月上旬至10月是为害高峰期，11月成虫陆续越冬（彩图1-09）。

防治方法： 参考大青叶蝉防治方法。

1－10 斑衣蜡蝉

学名： *Lycorma delicatula* White，属同翅目蜡蝉科，别名红娘子、斑衣、臭皮蜡蝉等。

分布： 辽宁、北京、天津、河北、山东、山西、陕西等地。

寄主： 臭椿、香椿、地锦、蜀葵等多种园林植物。

发生与为害： 华北地区一年发生1代，以卵在树木枝干向阳面或建筑物上越冬。翌年4月中旬越冬卵开始孵化，若虫常群集于植物的幼茎、嫩叶的背面为害，导致被害部位形成白斑，其排泄物撒落在枝叶上，诱发煤污病。成虫于6月中下旬出现，具有群集性，弹跳力强，受惊扰即跳跃逃避，成虫寿命长达4个月。8月中下旬交尾产卵直至10月下旬，以卵越冬。一般臭椿上的卵孵化率高，其他树种低（彩图1-10-1、1-10-2和1-10-3）。

防治方法：

①结合冬季修剪，刮除枝干上的卵块。

②若虫或成虫期，喷施400亿孢子/g的球孢白僵菌1 500～2 500倍液，或6%吡虫啉3 000～4 000倍液，或50%辛硫磷800～1 000倍液，或2.5%溴氰菊酯3 000～4 000倍液。

③发生严重区域，最好少种或不种臭椿、香椿，以减少虫源。

1－11 合欢羞木虱

学名： *Psylla pyrisuga* Forster，属同翅目木虱科。

分布： 辽宁、北京、河北、河南、山东、陕西、山西、甘肃、宁夏、贵州、安徽、浙江、湖南、湖北等地。

寄主： 合欢、山槐等植物。

发生与为害： 华北地区一年发生3～4代，以成虫在树皮裂缝、树洞和落叶下越冬。翌年春季，当合欢叶芽开始萌动时，越冬成虫产卵于叶芽基部或梢端，以后各代成虫将卵分散产于叶片上。5月下旬至6月上旬是为害高峰期。若虫群集在合欢嫩梢、花蕾、叶片上刺吸为害，造成植株长势减弱，枝叶疲软、皱缩，叶片逐渐发黄、脱落。合欢羞木虱为害时，分泌白色丝状排泄物，堵塞气孔，影响光合作用和呼吸作用，诱发煤污病。因世代重叠，三种虫态同时出现，一直为害到8～9月，9月后成虫陆续越冬（彩图1-11）。

防治方法：

①清理枯枝落叶和杂草，消灭越冬成虫。

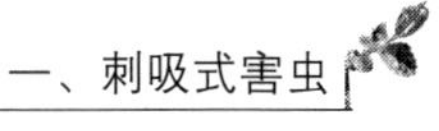

②为害期喷施 10% 吡虫啉可湿性粉剂 1 500 ~ 2 000 倍液，或 1.2% 苦·烟乳油 800 ~ 1 000 倍液。

③注意保护瓢虫、草蛉等天敌，在天敌数量多时尽量不用广谱性化学农药。

1 –12 梧桐木虱

学名： *Thysanogyna limbata* Enderlein，属同翅目木虱科，别名青桐木虱。

分布： 北京、天津、河北、山东、陕西等地。

寄主： 梧桐。

发生与为害： 华北地区一年发生 2 代，以卵在枝干上越冬。翌年 4 月底至 5 月初，越冬卵开始孵化，群集于叶背和幼枝嫩干上刺吸为害，破坏输导组织，导致叶片发黄、顶梢枯萎。若虫分泌白色絮状蜡丝，能堵塞气孔，影响光合作用和呼吸作用，致使叶面呈苍白萎缩症状，且因招致霉菌寄生，使树木受害更甚。严重时枝杈处布满白色絮状物，被风吹落污染环境。梧桐木虱为单食性害虫，发生不整齐，有世代重叠现象。第一代成虫于 6 月上旬羽化，补充营养后，产卵于叶背，经两周左右孵化。第二代成虫 8 月上中旬羽化，9 月产卵于枝干阴面、侧枝分叉处或主侧枝表皮粗糙处越冬（彩图 1-12）。

防治方法：

①结合冬剪，除去多余侧枝；可对树干进行涂白，消灭越冬卵。

②第一代若虫比较整齐是防治的关键时期。可喷洒 10% 吡虫啉可湿性粉剂 1 500 ~ 2 000 倍液，或 3% 啶虫脒乳油 1 500 ~ 2 000 倍液，或 1.8% 阿维菌素乳油 2 500 ~ 3 000 倍液，10 天后再喷 1 次，防治成、若虫效果较好。

③保护和利用寄生蜂、瓢虫、草蛉、食虫虻等天敌。

1－13 槐豆木虱

学名： *Cyamophila willieti* Wu，属同翅目木虱科，别名槐木虱、国槐木虱。

分布： 北京、河北、辽宁、山西、甘肃、湖南、湖北、贵州、陕西等地。

寄主： 国槐。

发生与为害： 华北地区一年发生数代，以成虫在枯枝落叶、树洞、树皮缝内越冬。翌年3月末4月初（槐芽萌动吐绿时）开始活动，卵多产于嫩梢、嫩芽中，4月中旬开始孵化，5月出现大量成虫，成虫和若虫刺吸植物幼嫩部分并在叶片上分泌大量黏液，诱发煤污病。6、7月干旱季节发生严重，雨季虫量减少，9月虫口量又回升。10月后成虫陆续越冬（彩图1-13-1～1-13-2）。

防治方法： 参考合欢羞木虱防治方法。

1－14 温室白粉虱

学名： *Trialeurodes vaporariorum* Westwood，属同翅目粉虱科，别名小白蛾子。

分布： 北京、天津、河北、辽宁、吉林、黑龙江、山东、山西、内蒙古、陕西、宁夏、青海、新疆等地。

寄主： 桑、黄杨、月季、蔷薇、丁香、石榴、连翘、木槿、紫薇、牡丹、芍药等多种园林植物。

发生与为害： 华北地区一年发生10余代，不能在室外越冬。各虫态在大棚内可安全越冬，在温室中可继续繁殖为害。成虫一般不大活动，但气温较高，阳光充足时，可见其在植株间飞舞，稍有

惊动也会群起乱飞。以成虫和若虫群集在叶片背面刺吸为害，造成叶片失绿、萎蔫甚至死亡。为害时排泄大量蜜露，造成煤污病，影响光合作用，传播病毒病等（彩图1-14-1～1-14-2）。

防治方法：

①人工剪除有虫叶片。

②为害期悬挂黄色粘虫板诱杀成虫。

③若虫期可喷洒10%吡虫啉可湿性粉剂1 500～2 000倍液，成虫期可喷洒1.2%烟参碱乳油800～1 000倍液。

④保护天敌草蛉，释放丽蚜小蜂进行防治。

1－15 桃蚜

学名： *Myzus persicae* Sulzer，属同翅目蚜科，别名桃赤蚜、烟蚜、菜蚜。

分布： 吉林、辽宁、内蒙古、北京、天津、河北、山西、山东、陕西、甘肃、青海、新疆等地。

寄主： 桃树、樱花、月季、蜀葵、海棠等园林植物。

发生与为害： 华北地区一年发生10余代，以卵在寄主的芽、裂皮缝隙内越冬。翌年寄主叶芽萌发时，卵开始孵化，群集于嫩芽和嫩叶背面为害。以5月份为害最严重，并大量繁殖产生有翅蚜，造成叶片卷曲和皱缩。6～7月迁飞到其他花卉和植物上繁殖为害，秋季又产生小高峰，9～10月又迁回到越冬寄主植物上，产生有性雌、雄蚜，交尾、产卵越冬（彩图1-15）。

1－16 桃粉蚜

学名： *Hyalopterus amygdali* Blanchard，属同翅目蚜科，别名桃大尾蚜、桃粉大尾蚜。

分布： 全国各地。

寄主：桃、杏、红叶李、樱桃、榆叶梅等园林植物。

发生与为害：华北地区一年发生10～20代，以卵在寄主植物的芽腋、裂缝及短枝杈处越冬。翌年寄主花芽萌动时，越冬卵孵化，产生无翅胎生雌蚜，群集于嫩梢、叶背上为害繁殖。5～6月间繁殖最盛，为害最重，并产生大量的有翅胎生雌蚜迁飞到禾本科植物上为害繁殖。桃粉蚜生活周期属乔迁型，10～11月产生有翅蚜返回越冬寄主上为害，并产生有性蚜，交尾、产卵越冬。蚜虫群集叶背为害，使受害叶片纵卷，产生大量分泌物，诱发煤污病，影响植物生长（彩图1-16）。

1－17 桃瘤蚜

学名：*Myzus momoins* Matsumura，属同翅目蚜科，别名桃瘤头蚜。

分布：东北、华北、华东等地。

寄主：碧桃、榆叶梅、山桃等园林植物。

发生与为害：华北地区一年发生10余代，以卵在寄主枝条的芽腋处越冬。翌年春天，当寄主芽萌发时孵化，5～6月大量繁殖，为害最重，群集于叶背为害，使叶缘向背面纵卷、肿胀扭曲成绿色变红色的伪虫瘿，最后干枯脱落。7月份产生有翅蚜迁飞到其他花卉、蔬菜上为害。10月份产生有翅蚜迁回到桃树、榆叶梅等寄主上，产生有性蚜，交尾、产卵越冬（彩图1-17）。

1－18 柏大蚜

学名：*Cinara tujafilina* del Guercio，属同翅目大蚜科。

分布：辽宁、河北、山东、江苏、浙江、江西、台湾、陕西、宁夏、云南等地。

寄主：侧柏。

发生与为害：全年寄生于侧柏，为留守型。在华北地区一年发生10余代，以卵和无翅胎生雌蚜，于树皮缝和背风处的密生枝丛内越冬。翌年3月中下旬越冬卵孵化，4月下旬产生胎生无翅蚜，5月上旬出现有翅孤雌蚜并进行迁飞扩散。5～6月为害最重，成蚜或若蚜均群集于背阴或稠密小枝包围的中、下部枝条上，导致被害枝颜色变淡、表皮微变软、凹陷，严重者枝梢枯萎。同时，分泌大量蜜露，诱发煤污病。10月底出现有性蚜，11月陆续产卵越冬（彩图1-18）。

1－19 白毛蚜

学名：*Chaitophorus populialbae* Boyer de Fonscoloube，属同翅目毛蚜科。

分布：河南、河北、山东、山西、北京、天津、辽宁、吉林、宁夏、陕西等地。

寄主：毛白杨、河北杨等植物。

发生与为害：华北地区一年发生10余代，以卵在当年生芽腋处越冬。翌年春天，寄主叶芽萌发时孵化，多在叶背为害，以大树下的根萌条和低矮散生树上的虫口密度较大，其分泌的蜜露易诱发煤污病。5月下旬至6月中旬、8月中下旬为高峰期，10月下旬陆续越冬（彩图1-19）。

1－20 刺槐蚜

学名：*Aphis robiniae* Macchiati，属同翅目蚜科，别名洋槐蚜。

分布：辽宁、北京、河北、山东、江苏、江西、河南、湖北、陕西、新疆等地。

寄主：刺槐、紫穗槐等豆科植物。

发生与为害：华北地区一年发生20余代，多以无翅孤雌蚜在地丁、野苜蓿等杂草根际处越冬，少数以卵越冬。翌年3月在越冬寄主上大量繁殖，至4月中下旬产生有翅孤雌蚜，5月初迁飞扩散至刺槐、槐树等豆科植物上群集为害，造成芽梢枯萎、叶片卷缩、不能正常开花。10月份后逐渐产生有翅蚜，迁飞到越冬寄主上繁殖为害并越冬（彩图1-20）。

1－21 柳黑毛蚜

学名： *Chaitophorus salinigri* Shinji，属同翅目毛蚜科。

分布： 陕西、内蒙古、北京、天津、河北、辽宁、山西等地。

寄主： 柳树。

发生与为害： 华北地区一年发生20余代，以卵在柳树枝条上越冬。翌年3月柳树发芽时越冬卵开始孵化，5～6月间大量发生，多数世代为无翅孤雌蚜，仅在5月下旬至6月上旬产生有翅孤雌蚜。蚜虫布满叶片，产生大量蜜露，排出的蜜汁落下如微雨，使地面呈现一片油褐色，枝叶上布满黏液而诱发煤污病，使柳树生长衰弱。10月下旬产生雌雄性蚜，交配后在柳枝上产卵越冬（彩图1-21）。

1－22 杨花毛蚜

学名： *Chaitophorus* sp.，属同翅目毛蚜科。

分布： 华北、华东等地。

寄主： 毛白杨、河北杨、北京杨等植物。

发生与为害： 华北地区一年发生10余代，以卵在当年生芽腋处越冬。翌年春天，春季干母寄生在嫩梢、叶柄上，特别是嫩梢与叶柄分叉处最多。幼蚜常群集在嫩枝上，有时嫩叶背面也有。为害严重时常使被害嫩枝变形，枝干变黑，其分泌的蜜露易诱发煤污病。5月下旬至6月中旬，8月中下旬为高峰期，10月下旬陆续越

冬（彩图1-22）。

1-23 棉蚜

学名： *Aphis gossypii* Glover，属同翅目蚜科，别名瓜蚜，俗称腻虫。

分布： 全国各地。

寄主： 大叶黄杨、蜀葵、海棠、紫叶李、花椒、石榴、木槿、扶桑、紫荆、菊花等植物。

发生与为害： 华北地区一年发生20代左右，世代交替，一般以卵在寄主枝条上或枯草的基部越冬。翌年春3~4月份孵化为干母，在越冬植物上孤雌胎生，繁殖3~4代，4~5月间产生有翅胎生雌蚜，5月中旬出现高峰期，6月产生大量有翅蚜迁飞到夏季寄主上为害。10月间产生有翅迁移蚜，从夏季寄主迁回越冬植物上，产生有性无翅雌蚜与他处飞来的雄蚜交配后产卵，以卵越冬。棉蚜刺吸叶背、花蕾，造成植物卷叶，其分泌物诱发煤污病，影响植物正常生长（彩图1-23）。

1-24 月季长管蚜

学名： *Macrosiphum rosivorum* Zhang，属同翅目蚜科。

分布： 吉林、辽宁、河北、北京、山东、江苏、浙江、上海等地。

寄主： 月季、蔷薇、十姊妹等园林植物。

发生与为害： 华北地区一年发生10余代，以卵在蔷薇科植物芽腋及枝条裂缝中越冬。翌年春季寄主萌发后，越冬卵孵化并在新梢嫩叶上繁殖。从4月上旬开始为害嫩梢、花蕾及叶背面。4月中旬起有翅蚜陆续发生，被害株率和虫口密度都明显上升，5月中旬是第一次繁殖高峰，7~8月高温和连续阴雨天气，虫口密度下降。

9月后虫口密度又开始上升，10月上中旬有翅雄蚜和无翅雌性蚜在蔷薇科植物上交配产卵，陆续进入越冬状态（彩图1-24-1～1-24-2）。

1－25 栾多态毛蚜

学名： *Periphyllus koelreuteriae* Takahashi，属同翅目毛蚜科，别名栾树蚜虫。

分布： 辽宁、河北、北京、天津、山西、上海、江苏、浙江等地。

寄主： 栾树、黄山栾等植物。

发生与为害： 华北地区一年发生数代，以卵在幼枝芽苞附近、树皮伤口、裂缝中越冬。翌年4月上旬，栾树刚发芽时，越冬卵孵化出若蚜，多栖息在芽缝处为害，表面不明显。4月中下旬开始胎生小蚜虫，出现大量有翅雌蚜，进行迁飞扩散，4月下旬至5月为害最重。枝梢、嫩叶常布满虫体，使新梢不能萌发或萌发的新梢扭曲变形，可诱发煤污病，影响栾树的正常生长和景观效果。6月中旬后虫口密度逐渐减少，9～10月滞育若蚜开始发育，10月底雌雄交尾后产卵越冬（彩图1-25-1～1-25-2）。

1－26 紫薇长斑蚜

学名： *Tinocallis kahawaluokalani* Kirkaldy，属同翅目斑蚜科。

分布： 华北、西北、华中、华南、华东等地。

寄主： 紫薇。

发生与为害： 华北地区一年发生10余代，以卵在寄主芽腋、树皮裂缝或其他寄主上越冬。翌年春季寄主萌芽时卵开始孵化，产生无翅孤雌蚜。以6～8月为害最重，枝梢、叶片背面上布满虫体，刺吸叶内汁液，易造成黄叶、落叶，并排泄大量蜜露，从而引起煤

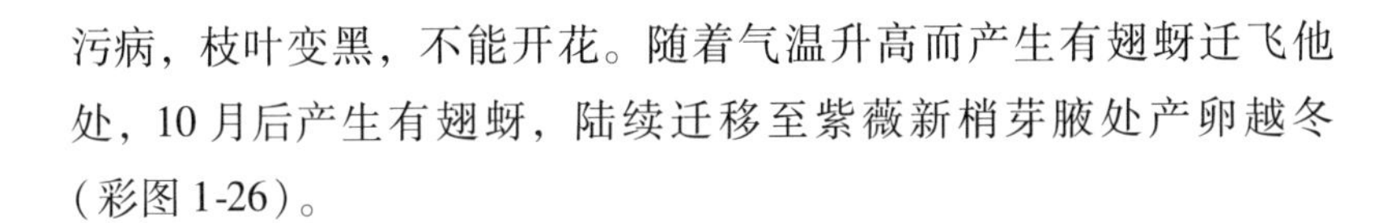

污病，枝叶变黑，不能开花。随着气温升高而产生有翅蚜迁飞他处，10 月后产生有翅蚜，陆续迁移至紫薇新梢芽腋处产卵越冬（彩图 1-26）。

1 –27 秋四脉绵蚜

学名： *Tetraneura akinire* Sasaki，属同翅目瘿绵蚜科，别名榆瘿蚜、榆四脉绵蚜、高粱根蚜等。

分布： 东北、华北、西北、华东、华南等地。

寄主： 榆树、禾本科植物等。

发生与为害： 华北地区一年发生 10 余代，以卵在榆树皮缝中越冬。翌年 3 ~4 月间越冬卵孵化为干母。干母爬到当年生新叶背后固定取食，被害处先形成红色斑点，叶组织受到刺激，以后叶面逐渐向上凸起组织增生，最后形成瘤状虫瘿。干母包于瘿中，雌蚜进行孤雌生殖，于 5 月中旬至 6 月上旬破瘿飞出，迁移到禾本科作物或杂草根部孳生繁殖。9 月上旬至 10 月上旬产生有翅性母，再回迁到榆树上，孤雌胎生性蚜，交尾后产卵越冬（彩图 1-27）。

1 –28 白蜡树卷叶绵蚜

学名： *Prociphilus fraxini* Fabricius，属同翅目瘿绵蚜科。

分布： 四川、河南、河北、天津等地。

寄主： 白蜡、绒毛白蜡等植物。

发生与为害： 华北地区一年发生 20 代左右，世代交替，一般以卵在寄主枝条上或枯草的基部越冬。翌年春 3 ~4 月份孵化为干母，在越冬植物上孤雌胎生，繁殖 3 ~4 代，4 ~5 月间产生有翅胎生雌蚜，飞到夏季寄主上为害，刺吸叶背、花蕾，造成植物卷叶，其分泌物诱发煤污病，影响植物正常生长。10 月间产生有翅迁移蚜，从夏季寄主上迁回越冬植物上，产生有性无翅雌蚜和他处飞来的雄蚜，交配后产卵，以卵越冬。为害叶片时，常造成叶片横卷，畸形成拳头状（彩图 1-28）。

1 –29 绣线菊蚜

学名： *Aphis citricola* van der Goot，属同翅目蚜科，别名苹果蚜、苹果黄蚜。

分布： 河北、天津、北京、山东、内蒙古等地。

寄主： 绣线菊、贴梗海棠、西府海棠、樱花、苹果、榆叶梅、杜梨、山丁子等植物。

发生与为害： 华北地区一年发生 10 余代，以卵在寄主枝条裂缝、芽苞附近越冬。翌年 4 月初寄主萌芽后，越冬卵孵化。4 月中下旬出现有翅胎生雌蚜并迁飞扩散。5 月中旬至 6 月上旬为害较重，成蚜、若蚜群集吸食新梢、嫩芽和新叶的汁液，受害叶片向叶背横向卷曲，影响生长发育。6 月下旬虫口密度下降，9 月中旬蚜量又有所增加，10 月产生有性蚜，雌雄交尾、产卵越冬（彩图 1-29）。

1 –30 胡萝卜微管蚜

学名： *Semiaphis heraclei* Takahashi，属同翅目蚜科，别名芹菜蚜。

分布： 天津、北京等地。

寄主： 金银木、金银花等园林植物。

发生与为害： 华北地区一年发生 10 余代，以卵在金银木、金银花等枝条上越冬。翌年 3 月中旬至 4 月上旬越冬卵孵化，4 ~ 5 月严重为害金银木，5 ~ 7 月迁移其他植物上为害。10 月间产生有翅性母蚜和雄蚜，由其他植物迁飞到金银木上，10 ~ 11 月雌雄蚜交配，产卵越冬。该虫以若蚜、成蚜群集于枝干、新梢、嫩叶上为害，受害的嫩叶生长停滞，还常因排泄物粘附叶片，影响观赏价

值。严重时诱发煤污病，造成植株死亡（彩图 1-30）。

1 –31 印度修尾蚜

学名： *Indomegoura indica* van der Goot，属同翅目蚜科。

分布： 河北、北京、河南、甘肃、台湾，国外朝鲜、印度、日本也有分布。

寄主： 萱草。

发生与为害： 印度修尾蚜是华北地区新发现为害萱草的害虫，代数不详，以卵在寄主根际处越冬。7 ~8 月为害最重，茎、花蕾、叶片背面上布满虫体，刺吸叶内汁液，易造成黄叶、落叶，并排泄大量蜜露，从而引起煤污病，枝叶变黑，不能正常开花。随着气温升高而产生有翅蚜迁飞他处为害，10 月后陆续回迁至寄主根际处产卵越冬（彩图 1-31）。

蚜虫的防治方法：

①结合植物修剪，剪除有虫枝条。在绿篱上发生严重时，可先修剪，然后喷药，效果较好。

②树木萌芽前，喷洒 45% 晶体石硫合剂 100 倍液，消灭越冬卵。

③利用成蚜对黄色有较强趋性的特点，为害期悬挂黄色粘虫板诱杀有翅蚜。

④采取树木注干的方法防治。

⑤早春，在花灌木根际处埋施 3% 呋喃丹颗粒剂 3 ~4g/m^2 并浇透水。

⑥蚜虫为害期，释放天敌异色瓢虫进行防治；保护和利用其他天敌，如龟纹瓢虫、中华草蛉、食蚜蝇、小花蝽、蚜茧蜂等。

⑦萌芽期或在越冬卵孵化高峰期，喷施 1.2% 苦 · 烟乳油800 ~1 000倍液，或 0.3% 苦参碱水剂 1 000 ~1 200 倍液，或 0.5% 黎芦

碱可溶性液剂800～1 000倍液，或5%啶虫脒乳油5 000～6 000倍液，或6%吡虫啉可溶性液剂3 000～4 000倍液防治。

⑧对发生严重的树木，秋季在树干缠草绳，诱导冬季产卵，可减少越冬种群密度。

⑨室内花卉中发现少量蚜虫时，可用毛笔蘸水刷净，或将盆花倾斜放于自来水下旋转冲洗杀灭；也可按1∶15的比例配制烟叶水，泡制24小时后喷洒，或用红辣椒50g，加水300～500g，煮30分钟，过滤后喷洒。

1－32 草履蚧

学名： *Drosicha corpulenta* Kuwana，属同翅目硕蚧科，别名日本履绵蚧、草履硕蚧、草鞋介壳虫、柿裸蚧、树虱子、桑虱等。

分布： 华北、华南、华中、华东、西南、西北等地，国外分布于日本。

寄主： 悬铃木、杨树、柳树、泡桐、樱花、苹果、紫薇、国槐、刺槐、白蜡、板栗、桑、梨、杏、桃、红叶李、蜡梅、玉兰等多种园林植物。

发生与为害： 华北地区一年发生1代，以卵在卵囊内于树木附近土壤、墙缝、树皮缝、枯枝落叶层及砖石瓦块堆下越冬，个别以一龄若虫越冬。翌年2月中旬至3月中下旬，若虫出蛰，顺枝干爬向幼嫩部分，为害盛期为5月上旬至6月中旬。低龄若虫有日出上树，午后下树的习性，稍大后则不再下树。若虫2次蜕皮后，雌雄分化，雄虫下树在皮缝和土缝中化蛹，羽化为有翅成虫，雌若虫继续为害，3次蜕皮后为雌成虫，雌雄成虫交尾后产卵。6月中下旬，雌成虫开始下树，爬入树木附近土壤、墙缝、树皮缝等处，分泌白色棉絮状卵囊，产卵于其中越夏越冬。草履蚧以雌成虫和若虫群集于嫩枝、幼芽等处吸食汁液，影响植物生长，白色蜡丝随风飘动还

影响环境卫生。为害轻者常造成树势衰弱，重者可造成枯枝，甚至整株死亡（彩图1-32）。

1－33 柿绒蚧

学名： *Eriococcus kaki* Kuwana，属同翅目毡蚧科，别名柿毡蚧、柿绒粉蚧等。

分布： 北京、天津、河北、山东、山西、辽宁等地。

寄主： 柿、桑、梧桐等园林植物。

发生与为害： 华北地区一年发生4代，以若虫在芽腋、树皮缝、干柿蒂等处越冬。翌年4月中旬越冬若虫开始活动，主要在叶柄、叶背、嫩枝上。5月下旬成虫交尾、产卵。6月上旬若虫孵化，第三代若虫于8月中下旬孵化，为害较重，10月若虫进入越冬状态。该虫第2～4代均为害果实，受害果出现黑斑点，畸形生长或早落（彩图1-33）。

1－34 紫薇绒蚧

学名： *Eriococcus lagerostroemiae* Kuwana，属同翅目绒蚧科，别名石榴毡蚧、石榴囊毡蚧、紫薇毡蚧。

分布： 北京、天津、山东、山西、江苏、浙江、辽宁等地。

寄主： 紫薇、石榴等园林植物。

发生与为害： 华北地区一年发生2代，以若虫在枝条皮缝翘皮下或空蜡囊中越冬。翌年3月下旬越冬若虫开始取食，4月下旬至5月下旬成虫交尾、产卵。6月中旬若虫大量孵化，第二代若虫于8月中旬孵化为害，10月下旬，发育到二龄的若虫先后进入越冬状态。紫薇绒蚧以雌成虫和若虫在芽腋、叶片和枝条上吮吸汁液为害，致使枝叶发黑，叶片脱落，其排泄物能诱发煤污病（彩图1-34）。

1－35 白蜡绵粉蚧

学名： *Phenacoccus fraxinus* Tang，属同翅目粉蚧科。

分布： 华北、华中、西南、西北等地。

寄主： 白蜡、海棠、核桃、柿树、悬铃木等植物。

发生与为害： 华北地区一年发生1代，以若虫在芽鳞间、树皮缝、旧蛹茧或卵囊中越冬。翌年3月中下旬若虫出蛰活动取食，4月上旬雌雄分化，雄若虫分泌蜡丝结茧化蛹，3～5天后羽化，寻找雌成虫交尾。4月中旬雌成虫开始产卵，5月上旬若虫孵化，若虫为害至10月以后开始越冬。发生严重时，枝干树皮及叶片上似披上一层白色棉絮，易发生煤污病，引起叶片早落（彩图1-35）。

1－36 山西品粉蚧

学名： *Peliococcus shanxiensis* Wu，属同翅目粉蚧科，别名金叶女贞粉蚧。

分布： 河北、山西等地。

寄主： 金叶女贞、紫叶小檗、连翘、桑树、黄杨等植物。

发生与为害： 华北地区一年发生3代，以卵或未成熟成虫在枝干及卷叶内越冬。第一代卵孵化期为5月下旬至6月上旬，第二代卵孵化期在7月中下旬至8月上旬。成虫、若虫多集中在叶片、叶柄和枝条等处为害，尤其以枝杈处较为集中，最先导致部分小枝萎蔫，类似于干旱缺水症状，继而发展为整株成片死亡。虫体在叶片上的排泄物及分泌物还易引起煤污病。9～10月雄成虫出现，交尾后产卵越冬（彩图1-36）。

1－37 日本龟蜡蚧

学名： *Ceroplastes japonicus* Green，属同翅目蚧科。

分布： 北京、天津、河北、山东、山西、辽宁、黑龙江、陕西等地。

寄主： 白蜡、悬铃木、毛白杨、大叶黄杨、枣、碧桃、紫薇等植物。

发生与为害： 华北地区一年发生1代，以受精雌成虫固着在1~2年生的枝条上越冬。翌年3~4月间开始取食，5月中下旬开始产卵，6月下旬至7月下旬为若虫孵化盛期。雄性若虫8月上中旬开始化蛹，9月上旬羽化为成虫。雌、雄虫交尾后，雄虫即死亡，以受精雌虫越冬。日本龟蜡蚧的若虫和雌成虫刺吸植物枝叶，排泄物常诱致煤污病发生，削弱树势，重者枝条枯死（彩图1-37）。

1 –38 瘤坚大球蚧

学名： *Eulecanium gigantea* Shinji，属同翅目蚧科，又名枣球坚蚧。

分布： 河北、北京、天津、内蒙古、甘肃、宁夏、青海、陕西、山西、河南等地，国外日本也有分布。

寄主： 栾树、核桃、枣、杨、柳、榆、槐等植物。

发生与为害： 华北地区一年发生1代，以二龄若虫在枝条上越冬。翌年4月下旬成虫开始羽化，5月上旬雌成虫开始产卵，5月下旬开始孵化，初孵若虫爬至叶片为害，多在叶背、叶面主脉两侧、枝条下方为害，以在叶片为害为主。10月中旬，寄主落叶前，若虫转回枝条越冬（彩图1-38）。

1 –39 苹果球蚧

学名： *Rhodococcus sariuoni* Borchs.，属同翅目蚧科，别名沙里院褐球蚧、西府球蜡蚧。

分布：辽宁、天津、北京、河北、河南、山东等地。

寄主：西府海棠、梨、苹果、山楂、沙果等植物。

发生与为害：华北地区一年发生1代，以二龄若虫在1~2年生枝上及芽旁、皱皮缝上固着越冬。翌年春天在寄主萌芽时开始为害，4月下旬至5月上旬为羽化期，5月中旬前后开始产卵于体下。5月下旬开始孵化，初孵若虫从母壳下的缝隙爬出分散到嫩枝或叶背固着为害，发育极为缓慢，直到10月落叶前蜕皮为二龄若虫转移到枝上固着越冬（彩图1-39）。

1－40 朝鲜球坚蚧

学名：*Didesmococcus koreanus* Borchs.，属同翅目蚧科，别名杏球坚蚧、桃球坚蚧，俗称"杏虱子"。

分布：辽宁、天津、北京、河北、河南、山东等地。

寄主：杏、桃、樱桃、苹果、梨等多种植物。

发生与为害：华北地区一年发生1代，以二龄若虫固着在枝条上越冬。翌年春天，越冬若虫在寄主萌芽时开始为害，刺吸枝条汁液，对树体为害很大。4月中旬至5月下旬，雌成虫虫体开始膨大。雄成虫5月上旬至下旬为羽化期，羽化后的雄成虫立即和雌成虫交尾，同时在介壳内产卵。5月下旬至6月上旬为孵化盛期，孵化出的若虫爬出分散到嫩枝上为害。10月中旬，若虫形成介壳，并在壳内越冬（彩图1-40）。

1－41 月季白轮盾蚧

学名：*Aulacaspis rosarum* Borchsenius，属同翅目盾蚧科，别名拟蔷薇白轮盾蚧。

分布：北京、天津、河北、辽宁、陕西、甘肃等地。

寄主：月季、蔷薇、玫瑰、黄刺玫、白玉兰等园林植物。

发生与为害： 华北地区一年发生2代，以受精雌成虫和二龄若虫在枝干处越冬。翌年4月上中旬开始产卵，卵产于壳下，5月上中旬和8月中下旬为孵化盛期。成虫、若虫常群集于二年生以上枝干或皮层裂缝处为害，严重时好像盖一层白色絮状物。若虫孵化后从介壳下爬出并在枝干上缓慢爬行，蜕皮后固定为害。此时在枝干上可明显看出暗紫色的若虫，体背蜡丝隐约可见。月季白轮盾蚧以若虫和雌成虫固着在枝干上吸取汁液，发生严重时，整个枝干布满蚧体，被害处颜色变褐，导致树势衰弱。严重时造成植株抽条，甚至枯死（彩图1-41）。

1-42 桑白盾蚧

学名： *Pseudaulacaspis pentagona* Targioni-Tozzetti，属同翅目盾蚧科，别名桑白蚧、桑盾蚧、桑拟轮盾蚧。

分布： 全国各地，国外亚洲、欧洲、美洲、大洋洲也有分布。

寄主： 国槐、白蜡、椿树、木槿、合欢、桑树、桃树、苹果等多种园林植物。

发生与为害： 华北地区一年发生2代，以受精雌成虫在枝条上越冬。翌年3月寄主植物萌动后，越冬雌成虫恢复取食，虫体迅速膨大，于4月中下旬开始产卵，5月中旬为孵化盛期，6月中下旬为羽化盛期。雄成虫交配后即死去，雌虫继续取食并于7月中旬产第二代卵，9月下旬进入越冬状态。该害虫喜欢阴暗潮湿，一般在地势低洼、地下水位高、通风透光差、密植郁闭的地方发生较重（彩图1-42）。

1-43 卫矛矢尖盾蚧

学名： *Unaspis euonymi* Comstock，属同翅目盾蚧科。

分布： 北京、天津、河北、山东、山西、辽宁、内蒙古等地。

寄主：大叶黄杨、卫矛、忍冬、木槿、丁香等植物。

发生与为害：华北地区一年发生 2～3 代，以受精雌成虫在寄主茎枝及叶片上越冬。雌虫 4 月下旬至 5 月下旬产卵，卵产出后 1 天内孵化。产卵孵化高峰期在 4 月下旬至 5 月上旬，第二代其产卵孵化高峰期在 7 月上旬至 8 月下旬；第一代发育较整齐，第二代、第三代发育极不整齐，各虫态重叠现象严重。卫矛矢尖盾蚧若虫和雌成虫常群集在叶片、枝条上，把口器插入植物组织内吸取汁液，因而对花木造成极大的危害，被害植株不但生长不良，还会出现叶片泛黄、落叶等现象，严重的会使植株枯萎死亡，降低观赏价值，其分泌物易诱发煤污病（彩图 1-43）。

介壳虫类防治方法：

①加强检疫，严禁带虫苗木的引入。

②在树木发芽前，用 45% 晶体石硫合剂 100 倍液喷洒枝干，消灭越冬虫体。

③在养护过程中，发现个别枝叶有虫害时，立即剪除或摘除虫枝、虫叶，集中烧毁，防止蔓延传播。

④加强抚育管理，促使植株生长健壮；合理修剪保持通风透光；绿篱栽植密度要合理，为后期生长留出足够空间。

⑤对于具有上、下树习性的介壳虫，如草履蚧等，可在其上下树期间涂抹粘虫胶。使用方法为：将树木距地面 30cm 处老皮刮掉，在光滑的树干上用 5～10cm 宽的胶带缠裹 1 圈，之后在胶带上用小铲均匀地涂 1 层粘虫胶。

⑥结合春季浇返青水，根施 3% 呋喃丹颗粒。在浇水前，用带尖的铁钎在根系周围每隔 30cm 左右打孔，孔深 10～20cm，施 3% 呋喃丹 4～6g/m²，施入后掩埋浇水。

⑦喷药的关键在于抓住若虫孵化盛期，在未形成蜡质或刚开始形成蜡质层时，向枝叶喷施 40% 速蚧杀乳油 1 500～2 000 倍液，或

6%吡虫啉可溶性液剂2 000倍液，或菊酯类农药2 500倍液。上述三种药剂交替使用，每隔7～10天喷洒一次，连续喷洒2～3次。

⑧保护和利用天敌，如红点唇瓢虫、红环瓢虫、异色瓢虫和中华草蛉等。

1－44 柳刺皮瘿螨

学名： *Aculops niphocladae* Keifer，属真螨目瘿螨科。

分布： 河北、天津、北京、上海、陕西、华中等地。

寄主： 柳树。

发生与为害： 华北地区一年发生数代，以成螨在芽腋或树皮裂缝等处越冬。翌年4月下旬至5月上旬活动为害，主要为害叶片，受害叶片背面形成许多小圆珠状瘿瘤，呈红色或黄色，叶表面外圈失绿呈黄色，中间为红色。每瘿瘤在叶背处有一开口，螨体可经此口转移至新叶上为害，形成新的虫瘿。为害严重时，一片树叶常有数十个瘿瘤，影响植物生长（彩图1-44）。

防治方法：

①早春可喷45%晶体石硫合剂100倍液进行防治。

②为害期喷施1.8%阿维菌素乳油7 000～9 000倍液均匀喷雾防治，或使用15%哒螨灵乳油2 500～3 000倍液均有较好的防治效果。

③保护瓢虫、草蛉等天敌。

1－45 桑始叶螨

学名： *Eotetranychus suginamensis* Yokoyama，属蜱螨目叶螨科，别名桑红蜘蛛、桑东方叶螨，俗称火龙、红砂。

分布： 华北、华东、东北、华南、西南等地。

寄主： 桑树、构树等植物。

发生与为害：华北地区一年发生10余代，以受精雌螨在枯枝落叶、枝干裂缝或杂草上越冬。翌年春芽萌发即开始活动，移集叶背，沿叶脉交叉处吐丝结网，并在其中取食产卵，经一周左右孵化，再经2～3次脱皮，变为成虫。成、若螨在叶背沿叶脉两侧结网为害，受害叶片沿叶脉呈黄白色的为害斑块，甚至致叶片枯黄。在桑叶的反面叶脉侧面或主、侧脉相交处结白色丝网室为害，常致使桑叶的叶脉相交处显现枯黄（彩图1-45）。

防治方法：

①树干涂粘虫胶，阻隔螨虫上树。

②清除桑树周围的杂草和残枝败叶，集中烧毁或深埋，减少虫源。

③虫害发生严重时，用1.8%阿维菌素乳油7 000～9 000倍液，或使用15%哒螨灵乳油2 500～3 000倍液喷雾均有较好的防治效果。

1－46 山楂叶螨

学名：*Tetranychus viennensis* Zacher，属蜱螨目叶螨科，别名山楂红蜘蛛、樱桃红蜘蛛等。

分布：华北、华东、东北、华南、西南等地。

寄主：苹果、梨、桃、山楂等园林植物。

发生与为害：华北地区一年发生7～9代，以受精雌成螨在树皮裂缝、枯枝落叶、根颈土壤等处越冬。越冬雌成螨在翌年春平均气温达10℃出蛰活动，4月中旬为出蛰盛期。该螨多在叶背为害，吐丝结网，6～7月发生数量最多，9月份数量下降，10～11月份开始越冬。被害叶片表面呈灰白色失绿的斑点，早春在刚萌发的芽、小叶和根蘖处为害，后蔓延全株。严重时，树叶早期脱落，常造成2次开花，大量消耗树体营养（彩图1-46）。

防治方法：

①树干束草诱集越冬雌成螨，春季出蛰集中销毁。

②去除病虫枝及清除杂草，集中烧毁。

③夏季螨量不影响树木生长时，可喷清水冲洗。

④虫害发生严重时，用1.8%阿维菌素乳油7 000～9 000倍液，或使用15%哒螨灵乳油2 500～3 000倍液喷雾均有较好的防治效果。

⑤保护天敌，如瓢虫、草蛉等。

1－47 麦岩螨

学名： *Petrobia latens* Muller，属蜱螨目叶螨科，别名麦长腿蜘蛛。

分布： 山东、内蒙古、北京、山西、河北、河南、新疆、陕西、甘肃、江苏等地。

寄主： 草坪、苹果、桃、柳、槐等园林植物。

发生与为害： 华北地区一年发生3～4代，以成螨和卵在建筑物缝隙、屋檐下和草坪等寄主植物的根际处越冬。翌年2月中下旬至3月上旬成螨开始活动为害，越冬卵开始孵化。4～5月草坪内虫量最多，5月中下旬成螨产卵越夏，9月中旬越夏卵陆续孵化。以成螨、若螨吸食植物叶片汁液，受害叶上出现细小白点后叶片变黄，影响其正常生长，造成植物发育不良，植株矮小，严重时全株干枯死亡。10月下旬以成螨和卵开始越冬（彩图1-47）。

防治方法：

①搞好预测预报，及时检查叶面叶背，可用放大镜进行观察，发现叶螨在较多叶片为害时，应及早防治。

②清除绿地中的枯草层、病虫枝及杂草，集中烧毁。绿地周围房屋的屋檐下常是越冬螨虫的栖息地，要注意检查和防治。

③及时浇返青水，增强植物抗虫能力，可有效减轻其为害。

④虫害发生严重时，用1.8%阿维菌素乳油7 000～9 000倍液，或1.2%苦·烟乳油800～1 000倍液，或15%哒螨灵乳油2 500～3 000倍液喷雾。

⑤保护天敌，如瓢虫、草蛉等。

1－48 毛白杨瘿螨

学名： *Eriophyes dispar* Nal.，属真螨目瘿螨科，别名毛白杨皱叶病、毛白杨四足螨。

分布： 河北、天津、北京、陕西、甘肃、河南等地。

寄主： 毛白杨。

发生与为害： 华北地区一年发生5代，以卵在毛白杨冬芽鳞片间越冬。翌年3月底至4月初，卵开始孵化为害，叶片被害后，皱缩变形，肿胀变厚，卷曲成团，呈紫红色，似鸡冠状，故名皱叶病。不同类型的毛白杨单株受害程度则不相同。发芽较迟，枝条细长或弯曲的植株，被害严重。雄性毛白杨普遍受害，雌性毛白杨受害较轻。从幼树到大树均可受害，主要为害5年生以上的毛白杨。5月中旬第一代若螨大量出现，5月下旬出现成螨，成螨寿命45天左右。从第二代开始，世代重叠，10月下旬成螨产卵越冬（彩图1-48）。

防治方法：

①在发芽前喷施3～5波美度石硫合剂；发芽后，采取人工摘除病芽的办法进行防治。

②5月中旬至6月上旬，当螨大量出现时，可喷施1.8%阿维菌素乳油7 000～9 000倍液，或15%哒螨灵乳油2 500～3 000倍液均有较好的防治效果。

③每年春天发芽前对树木进行注干，按胸径每1cm注射1ml 6%吡虫啉可溶性液剂，或5%啶虫脒乳油等。

④保护瓢虫、草蛉等天敌。

二、食叶害虫

2-01 美国白蛾

学名： *Hyphantria cunea* Drury，属鳞翅目灯蛾科。

分布： 辽宁、河北、天津、山东、陕西、上海等地。

寄主： 桑树、悬铃木、绒毛白蜡、臭椿、金银木、海棠、杨、柳、榆、槐等600多种植物。

发生与为害： 华北地区一年发生3代，以蛹在树皮裂缝、地面枯枝层或表土层内越冬。4月上中旬越冬蛹开始羽化为成虫。卵于4月下旬孵化。幼虫四龄前均在网幕中为害，四龄后破网分散为害，大量取食，常造成整株叶片被吃光现象，老熟幼虫下树化蛹。各代幼虫为害期分别为4月下旬至6月下旬；7月中下旬至8月下旬；8月下旬至10月下旬。8月份出现世代重叠，9月下旬开始老熟幼虫陆续化蛹越冬（彩图2-01-1、2-01-2、2-01-3和2-01-4）。

防治方法：

①人工挖蛹；剪除网幕；在老熟幼虫下树化蛹时围草诱蛹；灯光诱杀成虫。

②成虫期，悬挂美国白蛾性信息素诱捕器诱杀成虫。

③低龄幼虫期，喷施含量为16 000IU/mg的Bt可湿性粉剂1 000～1 500倍液，或含量为400亿孢子/g的球孢白僵菌1 500～2 500倍液，或20%除虫脲悬浮剂6 000～7 000倍液，或1.2%苦·烟乳油800～1 000倍液进行防治。

④幼虫三龄前，可喷施 HcNPV：1×10^{10} PIB/ml 美国白蛾核型多角体病毒 4 000 倍液。

⑤老熟幼虫期和化蛹初期释放美国白蛾天敌——周氏啮小蜂。

2 –02 褐边绿刺蛾

学名： *Latoia consocia* Walker，属鳞翅目刺蛾科。

分布： 黑龙江、内蒙古、吉林、辽宁、河北、天津、北京、山东、陕西等地。

寄主： 悬铃木、枫杨、榆、柳、桑、梧桐、白蜡、刺槐、海棠等植物。

发生与为害： 华北地区一年发生 1 代，以幼虫做硬茧在土中越冬。该虫于 6 月上中旬开始羽化，成虫白天栖息，夜间活动，有趋光性。成虫产卵于叶背，卵期 7 天左右。7 月初幼虫孵化为害，初期将叶片食成网状，后期分散为害，取食叶片呈缺刻，或吃光叶片只留叶柄。7 月底至 8 月上旬幼虫老熟，下树进入土中做茧越冬（彩图 2-02-1 ~ 2-02-2）。

2 –03 扁刺蛾

学名： *Thosea sinensis* Walker，属鳞翅目刺蛾科。

分布： 黑龙江、吉林、辽宁、河北、天津、北京、山东、陕西等地。

寄主： 绒毛白蜡、悬铃木、大叶黄杨、榆、杨、柳、泡桐等多种园林植物。

发生与为害： 华北地区一年发生 1 代，以老熟幼虫在树木附近浅土层中做茧越冬。翌年 5 月中旬越冬幼虫化蛹，6 月上旬羽化为成虫，6 月中下旬至 7 月上中旬为成虫发生盛期。成虫夜间活动，有强趋光性，白天隐伏在枝叶间、草丛中或其他荫蔽物下。6 月中

旬至8月中旬为幼虫为害期，幼虫有集中栖息习性，随着幼虫的长大逐渐分散为害，高龄幼虫昼夜取食，咬食叶片呈缺刻，甚至吃光全叶。8月下旬老熟幼虫迁移到树干基部、树枝分杈处和地面的杂草间或土缝中作茧，结茧位置离树干较近，入土较浅，较为分散（彩图2-03）。

2－04 黄刺蛾

学名： *Cnidocampa flavescens* Walker，属鳞翅目刺蛾科。

分布： 全国各地。

寄主： 月季、海棠、枣、紫荆、桑树、苹果、梨、桃、杏、山楂、柿、石榴、榆等多种园林植物。

发生与为害： 华北地区一年发生1～2代，以老熟幼虫在树杈、枝干上结茧越冬。翌年5月中下旬开始化蛹，蛹期15天左右。6月出现成虫，成虫昼伏夜出，有趋光性，羽化后不久交配产卵。卵产于叶背，单粒散产，1个叶片可产几粒，半透明，卵期7天左右。幼虫啃食叶片，严重时只残留主脉和叶柄。7月幼虫陆续老熟，在枝干等处结茧越冬（彩图2-04-1、2-04-2和2-04-3）。

2－05 双齿绿刺蛾

学名： *Latoia hilarata* Staudinger，属鳞翅目刺蛾科，别名棕边绿刺蛾，棕边青刺蛾、大黄青刺蛾。

分布： 黑龙江、吉林、辽宁、河北、河南、山东、山西、陕西、江苏、湖南、四川、台湾等地。

寄主： 白蜡、海棠、核桃、元宝枫、樱花、杨树等植物。

发生与为害： 华北地区一年发生2代，以老熟幼虫在树干基部或树干伤疤、粗皮裂缝中结茧越冬。翌年4月下旬开始化蛹，蛹期25天左右，5月中下旬开始羽化。成虫昼伏夜出，有趋光性，对糖醋液无明显趋性，成虫寿命10天左右。卵多产于叶背中部主脉附近，块状，卵期7～10天。第一代幼虫期为6月上旬至8月上旬，成虫期为8月上旬至9月上旬。低龄幼虫有群集性，三龄后多分散活动，白天静伏于叶背，夜间和清晨常到叶面上活动取食，老熟后爬到枝干上结茧化蛹。第二代幼虫发生期8月中旬至10月下旬，10月上旬陆续老熟，爬到枝干上结茧越冬（彩图2-05）。

2－06 桑褐刺蛾

学名： *Setora postornata* Hampson，属鳞翅目刺蛾科。

分布： 河北、江苏、浙江、江西、湖北、湖南、四川、云南等地。

寄主： 杨、柳、榆、樱花、海棠、紫叶李、枣等多种园林植物。

发生与为害： 华北地区一年发生1代，以老熟幼虫在寄主的根际附近的土层中、草丛内、树叶下等处结茧越冬。翌年6月化蛹，下旬羽化为成虫。成虫白天藏于隐蔽处，夜晚活动交尾产卵，卵散产或叠生在叶背边缘处，具强趋光性。7月上旬幼虫孵化，8月下旬幼虫结茧越冬（彩图2-06）。

刺蛾类防治方法：

①根据不同刺蛾的生活习性，采取不同措施，摘虫茧或敲碎树干上的虫茧，或在土中挖茧。

②刺蛾成虫多有趋光的习性，可在成虫羽化期，用频振式杀虫灯诱杀成虫。

③幼虫群集为害时，摘除虫叶，人工捕杀幼虫。

④幼虫三龄前，可施用含量为16 000IU/mg的Bt可湿性粉剂500～800倍液，或1.2%苦·烟乳油800～1 000倍液，或25%灭幼脲悬浮剂1 500～2 000倍液，或20%米满悬浮剂1 500～2 000倍液等。

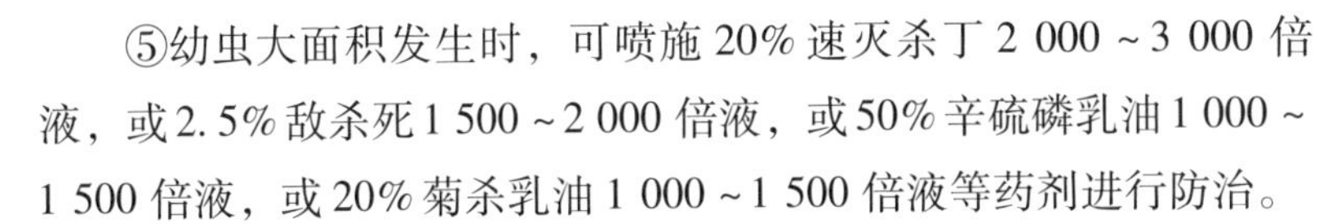

⑤幼虫大面积发生时，可喷施20%速灭杀丁2 000～3 000倍液，或2.5%敌杀死1 500～2 000倍液，或50%辛硫磷乳油1 000～1 500倍液，或20%菊杀乳油1 000～1 500倍液等药剂进行防治。

⑥保护天敌，如刺蛾紫姬蜂、螳螂、蠋蝽等。

2－07 角斑台毒蛾

学名： *Orgyia gonostigma* Linnaeus，属鳞翅目毒蛾科，别名角斑古毒蛾。

分布： 黑龙江、吉林、辽宁、内蒙古、河北、河南、甘肃、江苏等地。

寄主： 紫叶李、月季、海棠、玫瑰、三叶草、榆叶梅、桃等多种园林植物。

发生与为害： 华北地区一年发生2代，以2～3龄幼虫在树皮缝中、粗翘皮下及干基部附近的落叶下越冬。翌年3月下旬至4月上旬寄主发芽时开始出蛰活动为害，4月下旬越冬代幼虫化蛹，蛹期12～14天。4月底出现越冬代成虫并开始产卵，产卵期14～20天。第一代幼虫6月中下旬开始为害，第二代幼虫8月上中旬开始为害。初孵幼虫聚集在叶片上取食卵壳，两天后开始取食叶片。一二龄幼虫排列在叶片上取食叶肉，仅残留叶脉和表皮，待食完一片叶后再转移到新的叶片上取食，二三龄幼虫可以吐丝下垂随风转移，三龄后分散取食。幼虫具有假死性，受惊后落地卷缩。一般从9月中旬前后开始陆续进入越冬状态（彩图2-07-1、2-07-2和2-07-3）。

2－08 黄尾毒蛾

学名： *Euproctis similis* Fueszly，属鳞翅目毒蛾科，别名盗毒蛾。

分布： 东北、华北、华东、西南等地。

寄主：杨树、柳树、桑树、构树、榆树、椿树、泡桐、海棠、樱花、月季等园林植物。

发生与为害：华北地区一年发生2代，以三龄幼虫或老熟幼虫在树皮缝、树洞蛀孔内作茧越冬。翌年春天，越冬幼虫破茧爬出啃食春芽、嫩叶、咬断叶柄，对树木的发育影响较大。6月上旬化蛹，6月中旬出现成虫。成虫傍晚飞翔，有趋光性，夜间产卵，卵产在枝干上或叶片反面，每雌产卵150~600粒。初龄幼虫群集取食，二龄后开始分散为害。长大后取食叶片呈缺刻，受惊扰即吐丝下垂，随风飘移至邻近植株为害。9月中旬发生第二代幼虫，10~11月初幼虫开始结茧越冬，越冬幼虫有结网群居的习性（彩图2-08-1~2-08-2）。

2-09 榆毒蛾

学名：*Ivela ochropoda* Eversmann，属鳞翅目毒蛾科，又名榆黄足毒蛾。

分布：黑龙江、内蒙古、吉林、宁夏、辽宁、河北、天津、北京、山东、山西、陕西等地。

寄主：榆树、旱柳、月季、蔷薇等植物。

发生与为害：华北地区一年发生2代，以低龄幼虫在树皮缝或附近建筑物的缝隙处越冬。翌年4月中旬在榆钱刚发生时开始活动，5月中旬吐丝作茧化蛹，蛹期15~20天。5月下旬至7月上旬成虫羽化，趋光性较强，成虫羽化后交尾，2~3天后产卵。卵产于嫩枝叶上或叶的背面，排列成串，外被灰黑色分泌物，每个卵块含卵平均10多粒。老熟幼虫在叶面上、树干缝隙或杂草上吐少量丝作茧化蛹。第一代幼虫为害较重。9月中下旬第二代幼虫孵化为害，10月上旬低龄幼虫开始钻进树皮缝处结薄茧越冬（彩图2-09）。

2－10 舞毒蛾

学名： *Lymantria dispar* Linnaeus，属鳞翅目毒蛾科。

分布： 东北、西北、华北、华东等地。

寄主： 木槿、杨、柳、榆、刺槐、悬铃木、紫藤、海棠、山楂、苹果、杏、柿等园林植物。

发生与为害： 华北地区一年发生1代，以完成胚胎发育后的卵在寄主树皮缝隙间、建筑物的墙缝、石缝及树下落叶等处越冬。翌年4月下旬或5月上旬幼虫陆续孵化。6月中旬开始幼虫老熟，6月下旬至7月上旬化蛹，7月中下旬为羽化盛期。雌雄成虫均有趋光性。卵产于树干上或主枝、树洞中、石块下等处，每雌蛾一生产卵约400～1 200粒。以幼虫取食叶片为害，食性杂，大发生期间可将叶片吃光，严重时造成树木死亡。温暖、干燥、稀疏的纯林发生量大（彩图2-10-1～2-10-2）。

2－11 柳毒蛾

学名： *Stilpnotia candida*（*salicis*）Staudinger，属鳞翅目毒蛾科，又名杨雪毒蛾、杨毒蛾。

分布： 东北 、华北、西北、华中等地。

寄主： 杨树、柳树等园林植物。

发生与为害： 华北地区一年发生2代，为害3次，以二龄幼虫在树皮缝隙内结薄茧越冬。翌年4月下旬杨树展叶时，上树为害。多在嫩梢取食叶肉，留下叶脉。受到惊扰时，立即停食不动或迅速吐丝下垂，随风飘往他处。老龄幼虫少见吐丝下垂现象，受惊也不坠落。随虫龄增大，食量剧增，四龄以后能食尽整个叶片。大发生时，往往数日将叶片吃光。6月上中旬为化蛹盛期，蛹期13天左右。6月中旬成虫开始羽化，一头雌虫可连续产卵2～3天，产卵

300 粒左右。卵大多产于树冠下部枝条的叶片背面，或枝干的树皮上。卵呈块状，每块平均 100 粒左右，卵期 15 天。幼虫于 7 月上旬孵化，幼虫一直为害到 8 月后陆续越冬（彩图 2-11-1 ~2-11-2）。

毒蛾类防治方法：

①人工摘卵；低龄幼虫期摇晃树枝，振落幼虫杀死；清除枯枝落叶中的蛹或越冬幼虫。

②利用成虫趋光性，安装频振式杀虫灯诱杀成虫。

③幼虫发生期，利用其上、下树的习性，在树干胸径处涂抹粘虫胶截杀幼虫。

④幼虫三龄前，可施用含量为 16 000IU/mg 的 Bt 可湿性粉剂 1 000 ~1 200 倍液，或 20% 除虫脲悬浮剂 3 000 ~3 500 倍液，或 25% 灭幼脲悬浮剂 2 000 ~2 500 倍液，也可喷施 1. 2% 苦 · 烟乳油 800 ~1 000 倍液。

⑤虫口密度大时，可喷施 50% 辛硫磷 1 000 ~1 500 倍液，或 2. 5% 溴氰菊酯 2 000 ~3 000 倍液等，均有较好的防治效果。

⑥保护和利用螳螂、胡蜂、茧蜂、姬蜂、益鸟等天敌。

2 –12 霜天蛾

学名： *Psilogramma menephron* Cramer，属鳞翅目天蛾科，又名泡桐灰天蛾。

分布： 华北、华南、华东、华中、西南各地。

寄主： 悬铃木、绒毛白蜡、丁香、柳、梧桐、金叶女贞、泡桐等园林植物。

发生与为害： 华北地区一年发生 1 ~2 代，以蛹在土中越冬。成虫 6 ~7 月间出现，白天隐藏于树丛、枝叶、杂草、房屋等暗处，黄昏飞出活动，交尾、产卵在夜间进行。成虫的飞翔能力强，并具有较强的趋光性。卵多散产于叶背面，卵期 10 天。幼虫孵出后，

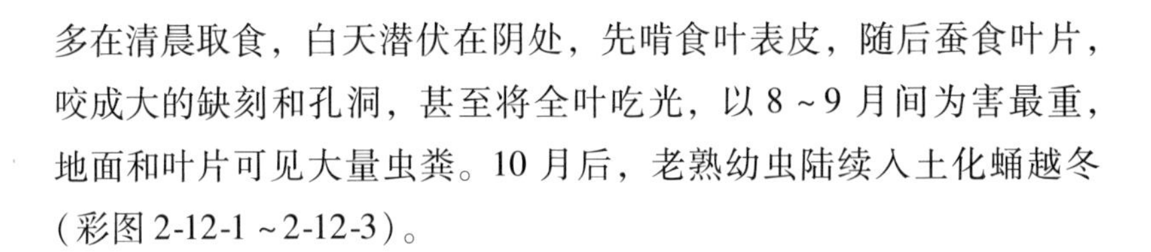

多在清晨取食，白天潜伏在阴处，先啃食叶表皮，随后蚕食叶片，咬成大的缺刻和孔洞，甚至将全叶吃光，以 8 ~9 月间为害最重，地面和叶片可见大量虫粪。10 月后，老熟幼虫陆续入土化蛹越冬（彩图 2-12-1 ~2-12-3）。

2 –13 蓝目天蛾

学名：*Smerinthus planus planus* Walker，属鳞翅目天蛾科，又名柳天蛾。

分布：东北、华北、西北等地。

寄主：凌霄、杨、柳、桃、樱花、丁香、海棠、女贞等园林植物。

发生与为害：华北地区一年发生 2 代。以蛹在寄主附近根际土壤 6 ~10cm 深处越冬。翌年 4 月下旬至 5 月上旬出现成虫，7 月中下旬出现第二代成虫，9 月上旬老熟幼虫入土化蛹。成虫多在晚间羽化，飞翔力强，有趋光性。卵单产，偶有产成一串的，每雌一生可产卵 200 ~400 粒。卵经 7 ~14 天孵化为幼虫，幼虫共 5 龄。1 ~2龄幼虫分散取食较嫩的叶片，4 ~5 龄幼虫食量骤增，常将树叶吃尽，仅剩枝条。老熟幼虫在化蛹前 2 ~3 天，体背呈暗红色，即从树上爬下钻入根际土壤中，在土内钻成一椭圆形土室，在土室过1 ~2天，即蜕皮化蛹越冬（彩图 2-13-1 ~2-13-2）。

2 –14 豆天蛾

学名：*Clanis bilineata tsingtauica* Mell，属鳞翅目天蛾科。

分布：我国除西藏未见外，其他各省区均有发生。

寄主：刺槐、柳、泡桐、女贞、榆树等园林植物。

发生与为害：华北地区一年发生 1 代，以老熟幼虫在 9 ~12cm 土层中越冬。翌年春天移动至表土层化蛹，一般在 6 月上中旬化蛹，蛹期15天左右。7月上中旬为羽化盛期，成虫飞翔力很强，有趋光性。7月中下旬至8月上旬为成虫产卵盛期，卵一般散产于叶背面，卵期6～8天。卵于7月中旬至7月下旬孵化，初孵幼虫能吐丝下垂，借风力飘散。幼虫共五龄，幼虫期约30天左右。7月下旬至8月下旬为幼虫发生盛期，老熟幼虫一般于9月中下旬入土越冬（彩图2-14-1、2-14-2）。

2－15 葡萄天蛾

学名：*Ampelophaga rubiginosa* Bremeret Grey，属鳞翅目天蛾科，又名葡萄轮纹天蛾。

分布：辽宁、河北、山东、山西、江苏、河南、陕西、湖南、湖北、江西、广东、广西等地。

寄主：葡萄、爬山虎、地锦等园林植物。

发生与为害：华北地区一年发生1～2代，以蛹在表土下3～7cm处越冬。5～6月发生成虫，成虫白天潜伏，夜间活动，交尾、产卵，有趋光性，寿命7～10天。卵散产于叶背面和嫩梢上，每雌产卵400～500粒，卵期约7天。幼虫白天静伏，静伏时头胸收缩稍扬起，受触动时头左右摆动口吐绿水示威，晚上活动取食，蚕食叶片呈不规则状，严重时仅残留叶柄。幼虫活动迟缓，常将一片树叶吃光后，再转移其他枝叶取食。幼虫期40～50天，9月下旬老熟幼虫入土化蛹越冬（彩图2-15-1、2-15-2）。

2－16 白薯天蛾

学名：*Herse convolvuli* Linnaeus，属鳞翅目天蛾科，又名旋花天蛾、甘薯天蛾、白薯蚕蛾。

分布：全国各地。

寄主：茄科、豆科、旋花科等植物。

发生与为害：华北地区一年发生 2 代，以蛹在土中 5～10 cm 处越冬，一般在松软的土壤里化蛹较多，化蛹处的地面常凸起，易于识别。第一代成虫发生于 5～6 月，第二代发生于 8～9 月。成虫趋光性强，善于飞翔，能较远距离低飞转移，昼伏夜出，多在黄昏后取食活动。卵多散产于叶背或叶柄上，经过 4～5 天孵化，初龄幼虫吃掉卵壳，随后躲在叶背剥食叶肉。三龄前食量较少，三龄后食量大增，沿叶缘取食，造成缺刻，4～5 龄进入暴食期，食尽全叶后又迁移他处继续为害。幼虫白天不大活动，栖息在叶背或叶柄上，以晚间取食为主（彩图 2-16）。

2－17 黑边天蛾

学名：*Haemorrhagia staudingerii* Leech，属鳞翅目天蛾科。

分布：东北、华北、西北等地，国外俄罗斯、朝鲜、日本也有分布。

寄主：金银木、金银花等忍冬科园林植物。

发生与为害：华北地区一年发生 2 代，以蛹在土中越冬。翌年 4 月上中旬开始羽化，卵散产于叶背。4 月下旬始见幼虫，随着气温上升，虫口逐渐增加，幼虫期 30 天左右。低龄幼虫取食寄主叶片表皮，多将叶片咬成孔洞或缺刻。高龄幼虫食量大增，可将叶片吃光仅残留部分叶脉和叶柄，严重时常常仅剩枝条，削弱树势。5 月中下旬开始在寄主根基处周围的土表结土茧化蛹，直至 7 月下旬。第二代成虫 8 月上旬开始羽化，10 月上中旬老熟幼虫陆续化蛹在土壤中越冬（彩图 2-17-1～2-17-3）。

2－18 榆绿天蛾

学名：*Callambulyx tatarinovi* Bremeret Grey，属鳞翅目天蛾科，又名云纹天蛾。

分布： 黑龙江、吉林、辽宁、河北、河南、山东、山西、宁夏等地，国外日本、朝鲜也有分布。

寄主： 榆树、柳树、杨树、槐树、构树、桑树、榉树等园林植物。

发生与为害： 华北地区一年发生 1～2 代，以蛹在土壤中越冬。翌年 5 月出现成虫，6～7 月为成虫羽化高峰期。成虫日伏夜出，趋光性较强，卵散产在叶片背面。6 月上中旬始见卵及幼虫，6～9 月间为幼虫为害期。9 月下旬老熟幼虫入土化蛹越冬（彩图 2-18）。

2－19 桃六点天蛾

学名： *Marumba gaschkewitschi* Bremer et Grey，属鳞翅目天蛾科，别名枣桃六点天蛾等。

分布： 全国各地均有分布。

寄主： 碧桃、苹果、樱花、海棠、葡萄、梨、杏、桃、枣等园林植物。

发生与为害： 华北地区一年发生 2 代，以蛹在地下 5～10cm 深处的蛹室中越冬。越冬代成虫于 5 月中下旬出现，白天静伏不动，傍晚活动，有一定趋光性。卵产于树枝阴暗面、树干裂缝内或叶片上，散产，每雌蛾产卵量为 170～500 粒，卵期约 7 天。第一代幼虫在 5 月下旬至 6 月发生，6 月下旬幼虫老熟后，入土化蛹。7 月上旬出现第一代成虫，7 月下旬至 8 月上旬第二代幼虫开始为害，9 月上旬幼虫老熟作土茧化蛹越冬（彩图 2-19）。

天蛾类防治方法：

①结合冬季管理消灭越冬虫蛹或幼虫。

②根据地面上的虫粪，人工捕杀树上的幼虫。

③利用成虫的趋光性，在成虫发生期灯光诱杀成虫。

④幼虫三龄前，可施用含量为 16 000IU/mg 的 Bt 可湿性粉剂

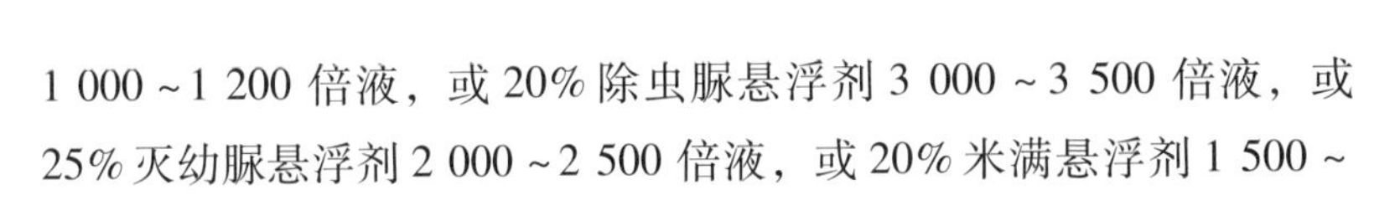

1 000～1 200 倍液，或 20% 除虫脲悬浮剂 3 000～3 500 倍液，或 25% 灭幼脲悬浮剂 2 000～2 500 倍液，或 20% 米满悬浮剂 1 500～2 000倍液等进行防治。

⑤保护螳螂、胡蜂、茧蜂、益鸟等天敌。

2－20 樗蚕蛾

学名：*Philosamia cynthia* Walker et Felder，属鳞翅目大蚕蛾科。

分布：黑龙江、内蒙古、吉林、辽宁、河北、天津、北京、山东、陕西等地。

寄主：悬铃木、椿树、花椒等园林植物。

发生与为害：华北地区一年发生 2 代，以蛹在枝干上结茧越冬。5 月中下旬成虫羽化、交尾、产卵，卵产于叶背，卵期 12 天。6～7 月为第一代幼虫为害期，幼虫期 30 天左右。8 月至 9 月上中旬第一代成虫羽化、产卵，9～10 月为第二代幼虫为害期，10 月末陆续化蛹越冬（彩图 2-20-1～2-20-2）。

防治方法：

①灯光诱杀成虫。

②人工捕杀幼虫；及时摘除虫茧。

③幼虫三龄前，喷施含量为 16 000IU/mg 的 Bt 可湿性粉剂 1 000～1 200 倍液，或 25% 灭幼脲悬浮剂 1 500～2 000 倍液，或 50% 辛硫磷乳油 1 000～1 500 倍液进行防治。

④注意保护和利用绒茧蜂、黑点瘤姬蜂、家蚕追寄蝇、赤眼蜂等天敌。

2－21 大蓑蛾

学名：*Cryptothelea variegata* Snellen，属鳞翅目蓑蛾科，别名大袋蛾。

分布：河北、天津、北京、山东、山西等地。

寄主：悬铃木、泡桐、刺槐、椿、石榴、柳、桑等园林植物。

发生与为害：华北地区一年发生1代，以老熟幼虫在蓑囊里越冬。5月上中旬化蛹，5月下旬羽化。成虫雌、雄异型，雌虫翅足均退化，雄虫羽化时将蛹皮留于囊口，而雌虫于蛹内羽化。6月中下旬幼虫孵化后爬出蓑囊吐丝下垂，随风飘散传播为害，9月幼虫陆续越冬（彩图2-21-1、2-21-2）。

防治方法：

①雄成虫有趋光性，可采用灯光诱杀。

②成虫羽化前可人工摘除蓑囊，消灭越冬幼虫。

③7月上旬至8月中旬，喷施1.2%苦·烟乳油1 000～1 200倍液，或6%吡虫啉可溶性液剂1 500～2 000倍液防治。

④保护和利用寄生蜂、寄生蝇等天敌。

2－22 小蓑蛾

学名：*Cryptothelea minuscla* Butler，属鳞翅目蓑蛾科，又名小袋蛾。

分布：华北、华东、华中、西南、西北等地。

寄主：悬铃木、月季、白玉兰、紫荆、榆叶梅、贴梗海棠、金银花等园林植物。

发生与为害：华北地区一年发生1代，以幼虫在护囊内悬挂在枝上越冬。翌年5月开始化蛹，蛹期约15天。雌成虫产卵于囊内，卵期约7天左右。幼虫初孵后，从护囊内爬出，迅速分散。也有吐丝悬垂，借风力分散的。幼虫分散后吐丝缀叶营造护囊，取食时头胸探出，其后负囊行走为害。护囊随幼虫长大而增大，昼伏于囊内，夜晚出囊取食，以6月下旬至7月上旬为害严重。越冬时幼虫先吐一条丝，一端粘牢在枝条或叶片上，使小虫囊悬挂其下，然后吐丝封口越

冬。雌虫囊多悬挂在上部枝叶茂密处，雄虫囊在花木下部居多（彩图2-22-1～2-22-2）。

防治方法：

①冬季落叶后及时摘除袋囊。

②采用频振式杀虫灯诱杀成虫。

③幼虫为害期，可喷施1.2%苦·烟乳油1 000～1 200倍液，或2.5%溴氰菊酯乳油3 500～4 000倍液，或50%辛硫磷乳油1 000～1 500倍液等进行防治。

④保护和利用天敌，如姬蜂、寄蝇等。

2-23 国槐尺蛾

学名：*Semiothisa cinerearia* Bremer et Grey，属鳞翅目尺蛾科。

分布：北京、天津、河北、山东、山西、陕西、宁夏等地。

寄主：槐树、龙爪槐、蝴蝶槐等植物。

发生与为害：华北地区一年发生3～4代，以蛹在树木周围松软土中越冬。第一代幼虫始见于4月末，第二代幼虫在6月下旬孵化为害，8月上旬第三代幼虫孵化为害。5月中旬、7月中旬、8月下旬至9月上旬是各代幼虫为害盛期。尤其是第二代，是全年为害最严重时期，常造成整株树叶被吃光的现象（彩图2-23-1～2-23-2）。

2-24 桑褶翅尺蛾

学名：*Zamacra excavata* Dyar，属鳞翅目尺蛾科。

分布：辽宁、河北、天津、北京、山西等地。

寄主：杨、柳、槐、桑、白蜡、核桃、金银木、海棠、月季、金叶女贞等植物。

发生与为害：华北地区一年发生1代，以蛹在土中或树木根颈部作茧化蛹越冬。翌年3月中旬开始羽化。成虫白天潜伏，傍晚活动，卵多产在光滑枝条上，卵期20天左右，4月初孵化。幼虫共四龄，颜色多变。4月至5月上旬为幼虫为害期，5月下旬老熟幼虫爬到树木根颈周围6~9cm深的土中结茧化蛹越夏和越冬。幼虫取食叶片呈缺刻和孔洞，严重时仅留主脉将树叶吃光，从而影响树势和观赏效果（彩图2-24-1~2-24-2）。

2－25 丝棉木金星尺蛾

学名： *Calospilos suspecta* Warren，属鳞翅目尺蛾科，又名大叶黄杨尺蠖、卫矛尺蛾。

分布： 东北、华北、华中、华东、西北，国外日本、朝鲜等也有分布。

寄主： 大叶黄杨、丝棉木等园林植物。

发生与为害： 华北地区一年发生3代，以蛹在地下3~5cm深的土壤中越冬。越冬蛹于翌年5月中旬羽化、交尾、产卵，一般卵期7~15天，幼虫期25~30天，蛹期20天左右。各代幼虫为害期分别是5月下旬至6月中旬；7月中旬至8月上旬；8月中旬至10月，10月份老熟幼虫入土化蛹越冬（彩图2-25-1~2-25-2）。

尺蛾类防治方法：

①落叶后至发芽前在树冠下及周围松土中挖蛹消灭。

②安装频振式杀虫灯诱杀成虫。

③利用尺蛾的假死性在为害期突然摇动树枝，使虫坠落，人工杀死；在老熟幼虫下树化蛹时，扫集幼虫杀死。

④幼虫期，用含量为16 000IU/mg的Bt可湿性粉剂1 000~1 200倍液加0.5%洗衣粉喷雾，或25%灭幼脲悬浮剂1 500~2 000倍液，或20%米满悬浮剂1 500~2 000倍液，或2.5%敌杀死2 500~3 000倍液，或50%辛硫磷乳油1 000~1 500倍液等喷雾

防治。

⑤保护天敌，如胡蜂，蠋蝽、寄生蜂等。

2 –26 淡剑夜蛾

学名： *Sidemia depravata* Butler，属鳞翅目夜蛾科，又名淡剑袭夜蛾、淡剑贪夜蛾、小灰夜蛾。

分布： 辽宁、河北、天津、北京、陕西等地。

寄主： 草地早熟禾、高羊茅、黑麦草等植物。

发生与为害： 华北地区一年发生 3 ~ 4 代，以老熟幼虫在草坪、杂草等处越冬。3 月上中旬越冬幼虫进行为害，4 月中下旬越冬幼虫化蛹，5 月中下旬羽化成虫，成虫趋光性强。7 月中下旬至 8 月下旬发生第二代幼虫，为害最严重。幼虫以寄主根茎和叶为食，咬食根茎或将叶片吃成缺刻，严重时地上部分成片枯黄。幼虫有世代重叠现象，受惊后有假死性。10 月下旬老熟幼虫进入越冬状态（彩图 2-26-1 ~ 2-26-2）。

防治方法：

①做好虫情调查及预测预报工作，加强草坪养护管理，结合修剪，剪除卵块，集中处理。

②根据成虫趋光性强的特点，灯光诱杀成虫。

③幼虫发生期采用 20% 除虫脲悬浮剂 6 000 ~ 7 000 倍液，或 50% 辛硫磷乳油 1 000 ~ 1 500 倍液等药物喷雾或浇灌，防治效果较好。

④绿地栽植应乔、灌、草结合，以便喜鹊、麻雀等天敌栖息取食。

2-27 棉铃虫

学名： *Helicoverpa armigera* Hübner，属鳞翅目夜蛾科。

分布： 黑龙江、内蒙古、吉林、辽宁、河北、天津、北京、山东、陕西等地。

寄主： 木槿、月季、泡桐、苜蓿、美人蕉、一串红、大丽花等植物。

发生与为害： 华北地区一年发生 2～3 代，以蛹在土室中越冬。翌年 4 月成虫羽化，成虫趋光性较强，对草酸和蚁酸有强烈的趋化性。雌成虫产卵有趋向花、花蕾和生长高大茂密植株上部的习性。每头雌蛾产卵 100～500 粒，一般 100～200 粒，卵期 7～8 天。幼虫共 6 龄，以幼虫蛀食蕾、花、果为主，也食害嫩茎、叶和嫩梢，花蕾常被吃呈空洞，咬食幼叶、茎和嫩梢造成孔洞，容易暴发成灾，每年以 7～9 月为害严重。老熟幼虫吐丝下垂到土壤中化蛹，入土深度 3～6cm，蛹期约 12 天。完成 1 个世代一般为 35～45 天（彩图 2-27-1～2-27-2）。

防治方法：

①幼虫少量发生时人工捕捉。

②结合冬季施肥深翻土地，消灭越冬虫蛹。

③灯光诱杀成虫。

④幼虫三龄前，可用含量为 16 000IU/mg 的 Bt 可湿性粉剂 800～1 000 倍液，或 1.2% 苦·烟乳油 800～1 000 倍液，或 20% 除虫脲悬浮剂 3 000～5 000 倍液进行喷雾。

⑤发生严重时，可于幼虫孵化盛期或低龄幼虫期喷施 50% 辛硫磷乳油 1 000～1 500 倍液，或 2.5% 溴氰菊酯乳油 2 500～3 500 倍液等药剂进行防治。

2 -28 黏虫

学名： *Pseudaletia separata* Walker，属鳞翅目夜蛾科，又名剃枝虫、行军虫、五色虫。

分布： 除新疆未见报道，北方各地均有分布。

寄主： 禾本科草及其他地被植物。

发生与为害： 华北地区一年发生 3 ~4 代，任何虫态在华北均不能越冬。北方春季出现的成虫均为南方迁飞而来。成虫昼伏夜出，对糖、酒、醋混合液等均有较强趋性，对光也有一定的趋性。黏虫成虫飞行能力很强，可以飞 2 000 km 以上，并可飞越高山和海洋。幼虫共六龄，有假死性。3 ~4 龄幼虫蚕食叶缘，咬成缺刻，5 ~6龄为暴食期，可将叶片吃光，其食量可占整个幼虫期的 90% 以上。四龄以上的幼虫有迁移的习性，当把大部分植物或杂草吃光以后，黏虫就成群结队地四处迁移。9 月成虫陆续南迁（彩图 2-28）。

防治方法：

①灯光诱杀成虫。

②用糖、酒、醋混合液诱杀成虫。

③低龄幼虫期可喷 16 000IU/mg 的 Bt 可湿性粉剂 1 000 ~1 200 倍液，或 25% 灭幼脲悬浮剂 1 500 ~2 000 倍液。

④幼虫为害严重时，喷施 2. 5% 敌杀死 2 500 ~3 000 倍液，或 50% 辛硫磷乳油 1 000 ~1 500 倍液等。

2 -29 桑剑纹夜蛾

学名： *Acronicta major* Bremer，属鳞翅目夜蛾科，又名桑白毛虫、桑夜蛾、香椿毛虫等。

分布： 东北、华北及长江流域地区。

寄主： 桑、桃、李、香椿等植物。

发生与为害：华北地区一年发生1代，以蛹在寄主的根际土中越冬。每年7~8月间成虫羽化，成虫多在下午羽化出土，白天隐蔽，夜间活动，具趋光性、趋化性。卵散产在叶背上，7月下旬幼虫始见，8月上中旬进入孵化盛期。幼虫期30~38天，初孵幼虫群集叶上啃食表皮、叶肉，仅留叶脉，三龄后可把叶吃光，残留叶柄，有转枝、转株为害习性，严重时可将整枝叶吃光，老熟幼虫于9月上旬下树入土在根际附近吐丝作粗茧化蛹越冬（彩图2-29）。

防治方法：

①人工捕捉幼虫。

②根据成虫趋光性强的特点，灯光诱杀成虫。

③幼虫下树前疏松树干周围表土层，诱集幼虫，结茧化蛹后挖茧灭蛹。

④幼虫发生期，采用20%除虫脲悬浮剂6 000~7 000倍液，或50%辛硫磷乳油1 000~1 500倍液等药物喷雾或浇灌，防治效果较好。

2-30 杨扇舟蛾

学名：*Clostera anachoreta* Fabricius，属鳞翅目舟蛾科。

分布：黑龙江、吉林、河北、山东、山西、江苏、浙江、云南、四川、湖南、江西、陕西、宁夏、甘肃、广东、海南等地。

寄主：杨、柳等园林植物。

发生与为害：华北地区每年发生3~4代，以蛹结茧在表土中、树皮缝和枯卷叶中越冬。翌年3~4月成虫羽化，成虫夜间活动，趋光性强。每雌产卵100~600粒，卵多产于叶背，呈块状。幼虫为害寄主植物叶片，1~2龄幼虫咀食叶片下表皮，仅留上表皮和叶脉，五龄幼虫食量最大，占总食量的70%左右，幼虫共五龄，幼虫期约30~34天。老熟幼虫在卷叶内吐丝结薄茧化蛹，蛹期除越

冬蛹外，一般为8天。9月上旬开始陆续化蛹越冬（彩图2-30-1～2-30-3）。

2-31 槐羽舟蛾

学名：*Pterostoma sinicum* Moore，属鳞翅目舟蛾科。

分布：黑龙江、内蒙古、辽宁、北京、天津、河北、山东、河南、陕西等地。

寄主：槐树、龙爪槐、蝴蝶槐、刺槐、紫薇、紫藤、海棠等植物。

发生与为害：华北地区一年发生2～3代，以茧蛹在土中、草丛等处越冬。翌年5月成虫羽化，有趋光性，交尾后将卵产在叶片上，卵期7天左右。幼虫虫体较大，食量也大，随着虫龄增长，常把叶片吃光。5～9月为幼虫为害期，有世代重叠现象。10月幼虫结茧化蛹越冬（彩图2-31-1～2-31-2）。

防治方法：

①安装频振式杀虫灯诱杀成虫。

②秋后彻底清除落叶，消灭越冬虫蛹。

③幼虫发生初期，喷施含量为16 000IU/mg的Bt可湿性粉剂1 000～1 500倍液，或20%除虫脲悬浮剂3 000～3 500倍液，或1.2%苦·烟乳油800～1 000倍液。为害严重时，喷施2.5%敌杀死乳油3 000～4 000倍液等药剂进行防治。

④注意保护和利用天敌，如毛虫追寄蜂、绒茧蜂、黑卵蜂、舟蛾赤眼峰、跳小蜂、广大腿小蜂等。

2-32 大叶黄杨长毛斑蛾

学名：*Pryeria sinica* Moore，属鳞翅目斑蛾科。

分布：华北、华东、华中、西北等地，国外日本、朝鲜也有分布。

寄主：大叶黄杨、扶芳藤、丝棉木等卫矛科植物。

发生与为害：华北地区一年发生1代，以卵在寄主植物的枝梢上越冬。翌年4月下旬越冬卵开始孵化，初孵幼虫，群集为害嫩梢、嫩芽、嫩叶的叶肉部分。二龄后将叶片食呈缺刻，三龄后随着虫体增大，开始分散为害，食量激增，从叶片边缘向中心蚕食呈缺刻、孔洞，仅留主脉和叶柄。虫口密度大时，可在短时间内将整叶、整梢及嫩枝吃光，幼虫受惊后吐丝下垂随风飘移。幼虫共六龄，幼虫期40天左右。5月中下旬老熟幼虫吐丝下垂在土壤表层结茧化蛹越夏。11月上中旬羽化为成虫，成虫白天活动，夜间潜伏。卵产于叶柄、枝梢，排列成条状，以卵越冬（彩图2-32）。

防治方法：

①结合冬春季清园，剪除枯枝和带卵块的嫩梢并集中烧毁，消灭越冬卵。根据低龄幼虫群集活动为害的习性，结合修枝整形，剪除有虫的枝、梢、叶，降低虫口密度。

②利用成虫的趋光性，用频振式杀虫灯诱杀成虫。

③幼虫三龄前，可喷施含量为16 000IU/mg的Bt可湿性粉剂500~700倍液，或1.2%苦·烟乳油800~1 000倍液，或25%灭幼脲悬浮剂1 500~2 000倍液等药剂防治。

④幼虫大面积发生时，可喷施2.5%敌杀死乳油2 000~2 500倍液，或50%辛硫磷乳油1 000~1 500倍液，或4.5%高效氯氰菊酯2 000~2 500倍液等药剂进行防治。

⑤保护天敌，如姬蜂、螳螂、蠋蝽等。

2-33 梨星毛虫

学名：*Illiberis pruni* Dyar，属鳞翅目斑蛾科，又名梨斑蛾、梨

叶斑蛾、饺子虫等。

分布： 东北、华北、华东、西北等地。

寄主： 海棠、梨、苹果、山楂等园林植物。

发生与为害： 华北地区一年发生1代，为害2次，以2~3龄幼虫在树干及主枝的粗皮裂缝中结白色茧越冬，也有低龄幼虫钻入花芽中越冬的。翌年春季当寄主植物萌芽时越冬幼虫开始出蛰，花芽膨大后蛀食花芽。幼虫老熟后在最后一片苞叶内结茧化蛹，蛹期约10天。6月中旬出现成虫。卵多产在叶片背面，卵期7~8天。幼虫群居叶背，啃食叶肉，7月下旬低龄幼虫开始钻入树皮缝内结茧越冬（彩图2-33-1~2-33-2）。

防治方法：

①冬春季刮树木翘皮，消灭越冬幼虫。

②在幼虫苞叶为害期，及时摘除受害叶片及虫苞。

③要抓住萌芽至开花前幼虫出蛰期和当年第一代幼虫孵化期喷药，幼虫卷叶后防治效果即降低。幼虫三龄前，可喷施含量为16 000IU/mg的Bt可湿性粉剂800~1 000倍液，或1.2%苦·烟乳油1 000~1 200倍液，或25%灭幼脲悬浮剂1 500~2 000倍液。严重时，可喷施20%速灭杀丁2 000~3 000倍液，或50%辛硫磷乳油1 000~1 500倍液等药剂进行防治。

2-34 网锥额野螟

学名： *Loxostege sticticalis* Linnaeus，属鳞翅目螟蛾科，别名草皮网虫、草地螟、甜菜网螟等。

分布： 东北、华北、西北、华东等地。

寄主： 草坪草、豆类、菊科花卉等。

发生与为害： 华北地区一年发生2~3代，以老熟幼虫在土壤表层中吐丝结茧越冬。翌年5月化蛹、羽化，一般成虫盛发期5月中旬至6月中旬，趋光性强，具有远距离迁飞的习性。卵多产于叶背面主脉两侧，常3~10粒排列成块。6月中旬到7月中旬幼虫为害草坪。幼虫共五龄，初孵幼虫取食嫩叶的叶肉，并吐丝缠叶结网为害，故在草坪上又称“草皮网虫”。幼虫三龄后食量大增，可将叶片吃成缺刻、孔洞，残存叶脉，严重时造成植株死亡，是草坪毁灭性害虫之一（彩图2-34）。

防治方法：

①清除草坪内杂草，消灭越冬幼虫。

②安装频振式杀虫灯诱杀成虫。

③幼虫三龄前，喷施含量为16 000IU/mg的Bt可湿性粉剂1 000~1 200倍液，或400亿孢子/g的球孢白僵菌1 500~2 500倍液，或25%灭幼脲悬浮剂1 500~2 000倍液，或1.2%苦·烟乳油800~1 000倍液等药剂进行防治。

④幼虫发生量较大时，可喷施4.5%高效氯氰菊酯2 500~3 500倍液，或2.5%敌杀死2 500~3 000倍液等防治。

⑤保护天敌，如赤眼蜂、茧蜂、姬蜂等。

2－35 黄杨绢野螟

学名：*Diaphania perspectalis* Walker，属鳞翅目螟蛾科。

分布：辽宁、北京、天津、河北、山东、陕西、青海等地。

寄主：小叶黄杨、雀舌黄杨等园林植物。

发生与为害：华北地区一年发生2代，以低龄幼虫在黄杨叶片中结薄茧越冬。翌年3月下旬，越冬幼虫出来取食，5月底老熟幼虫在缀叶中化蛹。6月中旬出现成虫，有趋光性，昼伏夜出，白天常栖息于荫蔽处，受惊扰迅速飞离，夜间出来交尾、产卵，卵多产于叶背或枝条上。初孵幼虫于叶背啃食叶肉，2~3龄幼虫吐丝将叶片、嫩枝缀连成巢，在内部食害叶片，呈缺刻状，受害严重的植

株仅残存丝网、虫皮、虫粪，少量残存叶边、叶缘。四龄后转移为害，遇到惊动立即隐匿于巢中，老熟后吐丝缀合叶片作茧化蛹。第一代幼虫发生在6月中旬至7月下旬，第二代幼虫发生在7月上旬至9月上旬，9月中旬陆续越冬（彩图2-35-1～2-35-2）。

防治方法：

①冬季清除枯枝卷叶，将越冬虫茧集中销毁。

②利用其结巢习性及时摘除虫巢销毁。

③利用成虫的趋光性灯光诱杀成虫。

④低龄幼虫期，可喷施含量为16 000IU/mg的Bt可湿性粉剂800～1 000倍液，或1.2%苦·烟乳油800～1 000倍液，或25%灭幼脲悬浮剂1 500～2 000倍液等防治。

⑤幼虫大量发生时，可喷施20%速灭杀丁乳油2 000～3 000倍液，或2.5%敌杀死乳油2 000～2 500倍液，或50%辛硫磷乳油1 000～1 500倍液等药剂进行防治。

⑥保护天敌，如寄生性凹眼姬蜂、跳小蜂、寄生蝇等。

2－36 甜菜白带野螟

学名： *Hymenia recurvalis* Fabricius，属鳞翅目螟蛾科，别名甜菜叶螟、甜菜螟等。

分布： 国内各地均有分布，国外朝鲜、日本、北美洲也有分布。

寄主： 鸡冠花、蔷薇、杜鹃、向日葵、天竺葵等园林植物。

发生与为害： 华北地区一年发生1～3代，以老熟幼虫在杂草、残叶或表土层中吐丝做土茧化蛹越冬。翌年7月下旬开始羽化，直到9月上旬，历期40余天。各代幼虫发生期为第一代7月下旬至9月中旬，第二代8月下旬至9月下旬，第三代9月下旬至10月上旬，世代重叠。成虫飞翔力弱，卵散产于叶脉处，每雌平均产卵88粒，卵期3～10天。幼虫孵化后昼夜取食，低龄幼虫在叶背啃食叶肉，留下上表皮呈天窗状，蜕皮时拉一薄网，三龄后将叶片食呈网状缺刻，幼虫共五龄。9月底至10月上旬开始越冬（彩图2-36）。

防治方法：

①灯光诱杀成虫。

②人工捕杀叶背主脉两侧的卵与幼虫。

③幼虫期，可喷施含量为16 000IU/mg的Bt可湿性粉剂800～1 000倍液，或50%辛硫磷1 000～2 000倍液喷雾。

2－37 棉大卷叶螟

学名：*Sylepta derogata* Fabricius，属鳞翅目螟蛾科，别名棉卷叶野螟等。

分布：辽宁、河北、天津、北京、山东、山西、陕西等地。

寄主：秋葵、蜀葵、木槿、扶桑、海棠等园林植物。

发生与为害：华北地区一年发生3～4代，以老熟幼虫在茎秆、落叶、杂草和寄主树皮裂缝中越冬。于翌年5月羽化成虫，有趋光性，卵散产于叶背，每雌产卵70～200粒。幼虫6月中旬至7月孵化，幼虫共六龄。老熟幼虫吐丝化蛹于卷叶内。5～10月为幼虫为害期，11月幼虫陆续越冬（彩图2-37-1～2-37-2）。

防治方法：

①秋冬清理落叶并烧毁。

②灯光诱杀成虫。

③幼虫期，可喷施含量为16 000IU/mg的Bt可湿性粉剂1 000～1 200倍液，或1.2%苦·烟乳油800～1 000倍液，或25%灭幼脲悬浮剂1 500～2 000倍液，或2.5%敌杀死乳油1 500～2 000倍液，或50%辛硫磷乳油1 000～1 500倍液等药剂进行防治。

2 –38 褐带卷叶蛾

学名： *Pandemis heparana* Schiffermüler，属鳞翅目卷蛾科，又名苹褐卷蛾。

分布： 华北、东北、西北、华中、华东等地区。

寄主： 金叶女贞、大叶黄杨、秋葵、碧桃、三叶草和紫叶李等园林植物。

发生与为害： 华北地区一年发生 2 ~ 3 代，以低龄幼虫在树干粗皮缝、剪锯口裂缝、死皮缝隙和疤痕等处做白色薄茧越冬。树木开始萌芽时，越冬幼虫出蛰，取食幼嫩的芽、叶和花蕾，5 月中下旬至 6 月上旬幼虫卷叶为害。6 月中旬老熟幼虫在卷叶内开始化蛹，蛹期为 8 ~ 10 天，6 月下旬至 7 月上旬羽化为成虫。成虫有趋化性和弱趋光性，夜间交尾产卵，卵期 7 ~ 8 天。第二代幼虫在 7 月中旬开始发生，8 月上中旬羽化为成虫，第三代幼虫 9 月下旬孵化，于 10 月上中旬陆续越冬（彩图 2-38）。

防治方法：

①在幼虫为害初期，及时摘除包裹幼虫或蛹的受害叶片。

②灯光诱杀成虫。

③可用 16 000IU/mg 的 Bt 可湿性粉剂 1 000 ~ 1 200 倍液，或 25% 灭幼脲悬浮剂 1 000 ~ 1 500 倍液，或 20% 米满悬浮剂1 500 ~ 2 000倍液，或 50% 辛硫磷乳油 1 000 ~ 1 200 倍液，或 2. 5% 溴氰菊酯乳油 2 500 ~ 3 000 倍液喷雾防治。

2 –39 蔷薇叶蜂

学名： *Arge pagana* Panzer，属膜翅目三节叶蜂科。

分布： 北京、天津、河北、山东、陕西等地。

寄主： 月季、蔷薇、黄刺梅、玫瑰等植物。

发生与为害：华北地区一年发生2代，以幼虫在土中结茧越冬。当年4月化蛹，5～6月成虫羽化，羽化后不久即可交尾产卵。卵产于植株的嫩组织内呈“八”字排列，每嫩梢上产卵10～30粒不等。卵经6～12天孵化，幼虫孵化后开始取食，将叶片食呈缺刻或仅留叶柄。三龄前有较强的群居性，三龄后分散取食为害。幼虫在叶缘或叶面栖息，老熟后入土结茧化蛹。6～9月均可见到幼虫为害，10月老熟幼虫入土结茧越冬（彩图2-39-1～2-39-2）。

防治方法：

①冬季翻土消灭在土中越冬的虫茧。

②幼虫集中为害期，人工剪除有虫枝叶销毁。

③幼虫发生期，可喷洒1.2%苦·烟乳油1 000～1 500倍液，或20%灭幼脲悬浮剂3 000～5 000倍液等药剂进行防治。

2－40 柑橘凤蝶

学名：*Papilio xuthus* Linnaeus，属鳞翅目凤蝶科，别名花椒凤蝶、黄凤蝶等。

分布：全国各地。

寄主：女贞、花椒、五色椒、金桔、佛手等植物。

发生与为害：华北地区一年发生3代，以蛹在枝条、建筑物等处越冬。翌年4月中下旬羽化为春型成虫，7～8月羽化为夏型成虫，世代重叠。成虫白天活动，飞翔力强，吸食花蜜。卵产于嫩叶背面或叶尖，卵期8天左右。幼虫孵出后先食去卵壳，然后啃食叶肉，再取食嫩叶边缘。幼虫为害期5～10月。10月幼虫老熟化蛹越冬，蛹一般斜立固定在枝条上（彩图2-40-1～2-40-3）。

防治方法：

①人工摘除卵和捕杀幼虫；冬季清除越冬蛹。

②低龄幼虫期，可喷施16 000IU/mg的Bt可湿性粉剂1 000～

1 200倍液，或20%除虫脲悬浮剂6 000～7 000倍液防治。

③保护天敌，如大腿蜂、胡蜂、螳螂、凤蝶金小蜂和广大腿小蜂等。

2－41 二十八星瓢虫

学名： *Henosepilachna vigintioctopunctata* Fabricius，属鞘翅目瓢虫科，别名茄二十八星瓢虫、酸浆二十八星瓢虫。

分布： 全国各地。

寄主： 碧桃、榆叶梅、枸杞、金银花、三色堇、观赏椒、观赏茄、观赏葫芦等植物。

发生与为害： 华北地区一年发生2～3代，以成虫在背风向阳的土块下、树皮缝、杂草间等处越冬。成虫有假死性和自相残杀性。卵多成块产于叶背。初孵幼虫先群集在叶背为害，幼虫共分四龄，三龄后才逐渐分散，老熟幼虫倒挂在叶背化蛹。同一个时段常有多种虫态存在，世代重叠。成虫和幼虫同时在寄主叶片上取食叶肉，食后仅留表皮，呈现不规则的线纹，严重时导致植株死亡。10月份成虫转移到适宜的场所越冬（彩图2-41-1～2-41-2）。

防治方法：

①利用成虫具有假死性，人工捕捉成虫。

②人工摘除卵块，此虫产卵集中成群，颜色鲜黄色，易于发现并摘除。

③在低龄幼虫期，喷施1.2%苦·烟乳油1 000～1 200倍液，或2.5%溴氰菊酯2 500～3 000倍液，或1.8%阿维菌素乳油5 000～6 000倍液，防治效果较好。

2－42 枸杞负泥虫

学名： *Lema decempunctata* Gebler，属鞘翅目负泥虫科，别名十

点叶甲、背屎虫等。

分布：我国大部分省区均有分布，国外朝鲜、日本也有分布。

寄主：枸杞。

发生与为害：华北地区一年发生5代，以成虫或幼虫在土壤中作茧越冬。常常世代重叠，4～9月在枸杞上可见各种虫态。成虫、幼虫取食叶片，使叶片呈不规则的缺刻或孔洞，严重时仅留叶脉。成虫喜栖息在枝叶上，卵多产于叶面或叶背，排成“人”字形。幼虫背负自己的排泄物，故名负泥虫。老熟后幼虫入土吐白丝结成土茧，在茧中越冬（彩图2-42-1～2-42-2）。

防治方法：

①冬春季节，人工清除土壤中的越冬成虫和幼虫并杀死。

②为害期，可喷施1.2%苦·烟乳油800～1 000倍液，或1.8%阿维菌素乳油5 000～6 000倍液，或50%辛硫磷乳油800～1 000倍液，或2.5%敌杀死乳油2 500～3 000倍液等，均有较好的防治效果。

2－43 榆蓝叶甲

学名：*Pyrrhalta aenescens* Fairmaire，属鞘翅目叶甲科，别名榆毛胸萤叶甲、榆绿金花虫、榆绿毛萤叶甲。

分布：东北、华北、西北、华东等地。

寄主：榆树。

发生与为害：华北地区一年发生2代，以成虫在树皮缝、土石缝、屋檐下等隐蔽处越冬。翌年3月下旬开始出蛰，4月上中旬为产卵盛期，卵成块产于叶背，5月中旬为卵孵化盛期，5月底至6月初为幼虫化蛹盛期，老熟幼虫多在树干隐蔽处群集化蛹，蛹期10～15天。成虫和幼虫均为害榆树，将榆树叶片吃呈网眼状。严重时，整个树冠一片枯黄。7～8月间老熟幼虫下树化蛹，羽化为

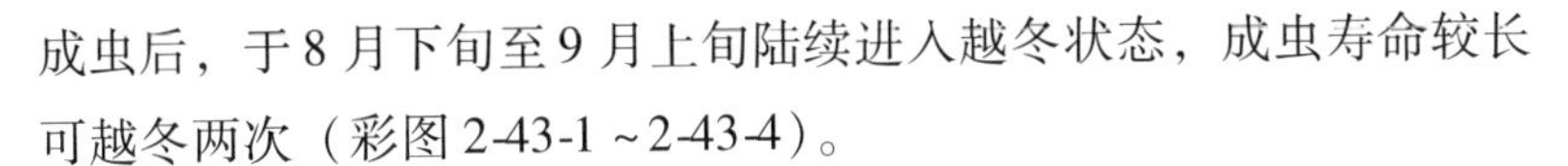

成虫后，于8月下旬至9月上旬陆续进入越冬状态，成虫寿命较长可越冬两次（彩图2-43-1～2-43-4）。

防治方法：

①榆蓝叶甲食性单一，种植榆树时应与其他树种混种。

②人工刮除榆树树干上的蛹及老熟幼虫，集中烧毁。

③树木注干，用6%吡虫啉可溶性液剂，稀释20～50倍，按树木胸径每1cm，注射1ml药液为宜。

④幼虫和成虫为害期，采用50%辛硫磷乳油1 000～2 000倍液，或4.5%氯氰菊酯3 000～3 500倍液进行叶面喷雾。

⑤保护天敌，如螳螂、蠋蝽等，蠋蝽是榆蓝叶甲的重要天敌。

2-44 大灰象甲

学名： *Sympiezomias velatus* Chevrolat，属鞘翅目象虫科，别名象鼻虫。

分布： 黑龙江、内蒙古、吉林、辽宁、河北、山东、山西、河南等地。

寄主： 金叶女贞、大叶黄杨、苹果、刺槐等园林植物。

发生与为害： 华北地区两年发生1代，第一年以幼虫越冬，第二年以成虫越冬，幼虫和成虫均在土中越冬。成虫不能飞行，主要靠爬行转移，动作迟缓，有假死性。以成虫越冬的大灰象甲，翌年4月上旬开始出土活动，群集于叶片吃食寄主新芽、嫩叶。白天多栖息于土缝或叶背，清晨、傍晚和夜间活跃。5月下旬开始产卵，成块产于叶片，6月下旬陆续孵化。幼虫期生活于土内，取食腐殖质和须根，但对植物为害不大。随温度下降，幼虫下移，9月下旬在60～100cm土深处，筑土室越冬。以幼虫越冬的大灰象甲，翌春越冬幼虫上升到表土层继续取食，6月下旬开始化蛹，7月中旬羽化为成虫，在原地越冬（彩图2-44）。

防治方法：

①在成虫发生期，利用其假死性和群集性人工捕杀。

②春季在为害严重的地方，在树木的根部浇灌400亿孢子/g的球孢白僵菌1 500～2 500倍液。

③成虫为害盛期，喷施50%辛硫磷乳油800～1 000倍液，或1.2%苦·烟乳油800～1 000倍液喷雾，或1.8%阿维菌素乳油4 000～5 000倍液进行防治。

2－45 马陆

学名： *Julus hortensis* Wood，属节肢动物门多足纲，别名北京山蛩虫。

分布： 国内各地均有发生。

寄主： 白三叶草、草坪草、仙客来、瓜叶菊、文竹等植物。

发生与为害： 华北地区一年发生1代，生活史尚不清楚。性喜阴湿，一般生活在寄主的土表、土块、土缝内，白天潜伏，晚间活动为害。有时白天在地面爬行，常为单体活动，夏季雨后天晴出来爬行。马陆受到触碰时，会将身体卷曲成圆环形，呈"假死状态"，间隔一段时间后，复原活动。马陆一般为害植物的幼根及幼嫩的小苗和嫩茎、嫩叶。卵产于寄主土表，卵成堆，卵外有一层透明黏性物质，每头可产卵300粒左右。在适宜温度下，卵经20天左右孵化为幼体，数月后成熟。马陆一年繁殖一次，寿命可达一年以上（彩图2-45）。

防治方法：

①保持绿地卫生，清除绿地中的土块、石块，破坏马陆的隐蔽场所。

②危害严重时，可喷施2.5%溴氰菊酯2 000～2 500倍液，或20%速灭杀丁乳油2 000～3 000倍液，或50%辛硫磷乳油1 000～

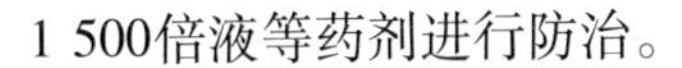
1 500倍液等药剂进行防治。

2 –46 野蛞蝓

学名： *Agriolimax agrestis* Linnaeus，属软体动物门腹足纲柄眼目蛞蝓科。

分布： 国内大部分地区均有分布。

寄主： 白三叶、草坪草、花卉、树木等园林植物。

发生与为害： 野蛞蝓在我国全年发生2 ~6 代，以成体或幼体在寄主附近根际处越冬。翌年5 ~7 月出来活动为害，潮湿多雨季节为害较重。野蛞蝓喜阴暗环境，白天潜伏，隐藏在近地面寄主叶片下面遮光处。一般多在下午18:00 时以后出来活动取食，晚上22:00 ~23:00 时达到高峰，后半夜活动减弱，清晨陆续潜伏。野蛞蝓怕光怕热，在强烈的阳光下2 ~3 小时即被晒死，但耐饥力很强，在食物缺乏或不良条件下能不吃不动。野蛞蝓的成体和幼体取食寄主叶片，低龄时仅取食叶肉，残留叶表皮或吃呈小孔洞。高龄后用唇舌刮食寄主叶和茎，常常造成大的孔洞和缺刻，严重时可将叶片吃光或将小苗咬断。10 月底至11 月初陆续越冬（彩图2-46）。

防治方法：

①人工捕捉成体或幼体，集中杀死。

②用树叶、杂草等在傍晚设置草堆诱集野蛞蝓，然后集中杀死。

③傍晚在草地中按每平方米撒施5 ~7g 石灰粉毒杀。

④每100m^2 用6% 蜗克星颗粒剂50 ~100g，混合砂土1.5 ~2.5kg 均匀撒施。严重时，用4.5% 高效氯氰菊酯2 500 ~3 500倍液等进行喷雾防治。

2 -47 条华蜗牛

学名： *Cathaica fasciola* Draparnaud，属于腹足纲柄眼目巴蜗牛科，别名蜓蚰螺。

分布： 主要分布在我国北方，此种蜗牛常与同型巴蜗牛混淆，同型巴蜗牛分布较广。

寄主： 白三叶、草坪草、合欢、海棠等园林植物。

发生与为害： 华北地区一年发生 1 代，以成贝和幼贝越冬。越冬场所多在潮湿阴暗处，螺壳口用一层白膜封闭。越冬蜗牛于翌年 3 月初逐渐开始取食，4 ~5 月间成贝交配产卵，并为害多种植物幼苗。一般夜间活动为害，如遇阴雨天或在阴湿凉爽处，白天也活动为害。卵多产在潮湿疏松的土里或枯叶下。从 3 ~ 10 月均能看到卵，但以4 ~5 月和 9 月卵量较大。卵期 14 ~ 31 天，幼贝孵出后，多群集于土层或落叶下，不久即分散危害。幼贝食量很小，初孵幼贝仅食叶肉，留下表皮或吃呈小孔洞。稍大后用唇舌刮食叶、茎，造成大的孔洞或缺刻，严重时可将叶片食光或将幼苗咬断。蜗牛成贝一般存活 2 年以上（彩图 2-47）。

防治方法： 参照野蛞蝓的防治方法。

三、蛀干害虫

3－01 光肩星天牛

学名： *Anoplophora glabripennis* Motschulsky，属鞘翅目天牛科，别名光肩天牛、柳星天牛、花牛。

分布： 东北、华北、西北、华东、华中等地。

寄主： 悬铃木、柳、榆、杨、枫杨、栾树等植物。

发生与为害： 华北地区一年发生1代或两年1代，以幼虫在树干蛀道内越冬。幼虫3月下旬开始取食，从蛀孔排出褐色的粪便和木屑；老熟幼虫5月初在蛀道上端筑蛹室化蛹，蛹期20天。6月中旬到7月下旬为成虫羽化盛期，9月中下旬仍有个别成虫活动，成虫飞翔力不强，易于捕捉，无趋光性。成虫取食寄主的叶柄、叶片及小枝皮层补充营养，经2～3天后交尾，产卵前成虫先用上颚在树干上咬一椭圆形刻槽，然后将卵产在韧皮部与木质部之间，每刻槽产卵一粒，然后用分泌物封塞产卵孔，卵期一般为10天，产卵处的木质部与形成层开始变黑，进而腐烂。9月份后产的卵以初孵幼虫在卵壳内越冬，到第二年才能孵化。孵化的幼虫首先为害树木皮层和形成层，后逐渐蛀入木质部进行为害，10月下旬陆续越冬。受害树木常被蛀空，削弱树势，易造成树干风折，严重时造成整株枯死（彩图3-01-1～3-01-4）。

防治方法：

①在天牛羽化盛期，人工捕杀成虫；或喷施8%绿色威雷

300～400倍液防治效果较好。

②在成虫产卵期和卵孵化期敲击卵槽，砸死卵和初孵幼虫。

③在天牛产卵期向树体喷洒50%辛硫磷乳油1 000～1 500倍液，可杀灭刚孵化的天牛幼虫；幼虫未蛀入木质部前，可用50%杀螟松乳油喷树干。

④释放天敌：5月中旬在天牛幼虫期释放天敌花绒寄甲，每棵有虫株至少放2头花绒寄甲成虫。

⑤树木注干，采用6%吡虫啉可溶性液剂，按树木胸径每1cm，注射1ml，用药泥封住注射孔。

3－02 桑天牛

学名：_Apriona germari_ Hope，属鞘翅目天牛科。别名粒肩天牛、桑干黑天牛、桑牛。

分布：东北、华北、华中、华东、华南、西南等地。

寄主：桑、海棠、杏、毛白杨、柳、榆、苹果、梨、无花果等植物。

发生与为害：华北地区2～3年发生1代，以幼虫在寄主枝干蛀道内越冬，幼虫期长达2年。翌年春季越冬幼虫开始为害，6月上旬幼虫老熟化蛹，成虫羽化后飞翔寻找桑科植物补充营养。在华北地区主要啃食桑树、构树、无花果等1～2年生枝干皮层、嫩芽和叶，交尾后再飞回到海棠、毛白杨等寄主上产卵，如果周围没有桑科植物，桑天牛往往不能产卵或产的卵也不能孵化。6～7月间为成虫发生期，成虫多晚间活动取食，产卵多于2～4年生枝上，产卵前先以上颚咬破皮层和木质部，呈“U”字形刻槽，每刻槽产1粒卵，产卵后以黏液封闭，卵期10～15天，孵化后的幼虫在韧皮部和木质部之间蛀食，然后沿枝干木质部的一侧向下蛀食，稍大幼虫逐渐蛀入髓部，甚至可深达地面以下60cm的根部。幼虫在蛀道

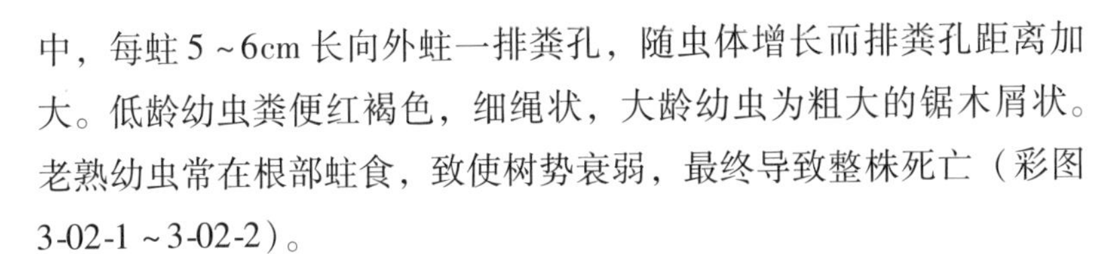
中，每蛀5～6cm长向外蛀一排粪孔，随虫体增长而排粪孔距离加大。低龄幼虫粪便红褐色，细绳状，大龄幼虫为粗大的锯木屑状。老熟幼虫常在根部蛀食，致使树势衰弱，最终导致整株死亡（彩图3-02-1～3-02-2）。

防治方法：

①规划设计时，海棠、毛白杨、苹果等尽量不与桑科植物配植。

②成虫羽化前，向树干喷施8%绿色威雷300～400倍液，可有效杀灭成虫。

③成虫发生盛期喷洒50%辛硫磷乳油1 500～2 000倍液，或2.5%溴氰菊酯乳油2 000～3 000倍液等药剂防治。

④成虫产卵期或幼虫孵化期，敲打产卵痕处，砸死卵和初孵幼虫；或在新鲜排粪孔处将细铁丝插入，向下刺到隧道端，反复几次可刺死幼虫。

⑤释放天敌：5月中旬在有虫株上释放川硬皮肿腿蜂，按害虫与天敌1∶10的比例释放。

⑥幼虫为害期采用树木注干法，注入10～50倍6%吡虫啉可溶性液剂，或5%啶虫脒乳油等内吸性杀虫剂，按树木每胸径1cm注入药量1ml。

3－03 桃红颈天牛

学名：*Aromia bungii* Faldermann，属鞘翅目天牛科，别名桃红天牛。

分布：全国各地。

寄主：桃、苹果、梨、杏、樱花等园林植物。

发生与为害：华北地区2～3年发生1代，一般2年，少数3年发生1代，以低龄幼虫（第一年）和老熟幼虫（第二年）在树干蛀道内越冬。5～6月在木质部用木屑粘结成蛹室化蛹。蛹期10天左右，6月下旬至7月上旬为成虫羽化盛期，成虫羽化后在树干蛀道中停留3～5天，咬一个羽化孔于早晚羽化。卵多产在主干、主枝和粗皮缝隙中，一般在离地30～50cm处较多。卵期7～8天，幼虫孵化后蛀入皮层，自上向下蛀食韧皮部，在韧皮部与木质部之间不规则串食，使树干的蛀孔外和地面上堆积大量的红褐色虫粪和木屑，受害严重的树干流胶、中空，导致树势衰弱，以致枯死（彩图3-03-1～3-03-3）。

防治方法：

①成虫羽化时间比较整齐，有中午从树冠下到树干群集栖息交尾的习性，可人工捕杀。

②成虫羽化前，喷施8%绿色威雷300～400倍液，杀灭成虫。

③在新鲜排粪孔处，注射6%吡虫啉可溶性液剂或5%啶虫脒乳油，注后用药泥封住排粪孔，杀死蛀道内幼虫。

④可用树木注干机，注入含量为400亿孢子/g球孢白僵菌，稀释10～20倍，按每胸径1cm注入1～1.5ml为宜。

⑤释放天敌：5月中旬在有虫株上释放川硬皮肿腿蜂，按害虫与天敌1：10的比例释放。

⑥保护啄木鸟等天敌。

3－04 双条杉天牛

学名： *Semanotus bifasciatus* Motschulsky，属鞘翅目天牛科，别名柏双条天牛、蛀木虫。

分布： 华北、华东、华中、华南等地。

寄主： 侧柏、圆柏、龙柏、沙地柏、扁柏等植物。

发生与为害： 华北地区一年发生1代（跨2个年度），少数两年1代（跨3个年度），主要以新羽化成虫及个别幼虫在被害枝干坑道内越冬。翌年3月上旬成虫咬破树皮爬出，在树干上形成一个扁圆形羽化孔，3月中旬至4月上旬为出孔盛期。成虫白天多藏在树皮裂缝、树干基部土缝等阴暗处。下午或夜晚活动，交尾后喜产卵于衰弱树、枯立木和伐倒木的树皮缝下，4月中下旬初孵幼虫在皮层与木质部间蛀食为害，被害处常排出少量的细碎木屑，5月中旬幼虫开始蛀入木质部内为害。在木质部表面形成一条条弯曲不规则的扁平坑道。9月至10月下旬老熟幼虫在蛀道内化蛹陆续羽化为成虫越冬。受害处的树皮极易脱落，弱树受害后，枝干上部即枯死，连续受害可使植株死亡（彩图3-04-1～3-04-2）。

防治方法：

①剪除带虫枝，伐除受害严重没有挽救价值的树木，消灭虫源。

②饵木诱杀：3月初至4月底，利用新鲜柏木，去掉枝叶，堆放在为害严重的树木附近，引诱成虫产卵，于5月底集中扒皮后烧毁。

③幼虫期，采用5%啶虫脒乳油或6%吡虫啉可溶性液剂稀释20～50倍液注干，按树木每胸径1cm注入药量1ml，然后用药泥封住口。

④释放天敌：6月在有虫株上释放川硬皮肿腿蜂，按害虫与天敌1∶10的比例释放。

⑤保护啄木鸟、茧蜂等天敌。

3-05 双斑锦天牛

学名：*Acalolepta sublusca* Thomson，属鞘翅目天牛科。

分布：天津、北京、河北、山东、陕西、新疆等地。

寄主：大叶黄杨、卫矛。

发生与为害：华北地区一年发生1代，以幼虫在大叶黄杨根部越冬。翌年3月下旬继续为害，5月中下旬在蛀道中做蛹室化蛹，蛹期一个月左右，6月中旬陆续羽化，成虫啃食大叶黄杨嫩茎皮层或叶脉补充营养，经2~3天后在寄主向阳枝条顶端交尾。雌成虫将卵产于离地面约20cm以下的粗茎干上，产卵前啃咬树皮呈一长方形刻槽，一般每刻槽产卵一粒，卵期7~10天。6月下旬幼虫孵化，初孵幼虫先取食刻槽周围皮层内部，后逐渐为害至木质部。幼虫主要为害寄主4年生以上植株，在根茎部位咬成不规则的蛀道，受害初期树叶失水失绿，之后逐渐枝枯叶黄，根部腐烂，致使植株生长衰弱，严重时造成整株枯死。成虫在补充营养期间也造成一定的为害，使新枝嫩叶折断而枯死（彩图3-05-1~3-05-2）。

防治方法：

①在成虫羽化期于晴天中午在寄主的向阳处捕杀成虫。

②成虫羽化盛期，在根颈部喷施50%辛硫磷乳油1 500~2 000倍液或400亿孢子/g球孢白僵菌1 500~2 500倍液防治。

③幼虫孵化期喷洒6%吡虫啉可溶性液剂2 000~3 000倍液，杀死初孵幼虫。

④埋施3%呋喃丹颗粒剂，用量为4~6g/m^2，埋后立即灌透水1次，防治效果较好。

3-06 锈色粒肩天牛

学名：*Apriona swainsoni* Hope，属鞘翅目天牛科。

分布：东北、华北、西北等地。

寄主：国槐、柳、龙爪槐、蝴蝶槐、金枝槐。

发生与为害：华北地区两年发生1代，以幼虫在寄主枝干蛀道内越冬。4月中旬幼虫开始蛀食为害，5月中旬先在蛹室上方咬一圆形但不透表皮的羽化孔，在羽化孔处幼虫头部向上开始老熟化蛹，6月中旬成虫羽化出孔，成虫不善飞翔，啃食寄主的新梢嫩皮补充营养，常造成枝梢枯死。成虫多在夜间产卵，产于树干中上部和大枝的树皮缝隙内，在其上覆盖绿色的分泌物。初孵幼虫自韧皮部蛀入木质部，蛀食为害期长达 13 个月，造成蛀道表面树干表皮隆起，受害部位常有伤流流出，严重时致使大枝或整株枯死（彩图 3-06-1 ~3-06-2）。

防治方法：

①严格进行苗木检疫，防止人为传播。

②羽化期人工捕捉成虫。

③释放天敌：5 月中旬在天牛幼虫期释放天敌花绒寄甲，每棵有虫株至少放 2 头花绒寄甲成虫。

④在成虫羽化期喷洒 8% 绿色威雷 300 ~400 倍液杀灭成虫。

⑤树木注干，在幼虫期按每胸径 1cm 注入药量 1ml，注入 6% 吡虫啉可溶性液剂或 5% 啶虫脒乳油，然后用药泥封口。

3 –07 红缘天牛

学名： *Asias halodendri* Pallas，属鞘翅目天牛科，别名红缘亚天牛、红条天牛。

分布： 辽宁、内蒙古、北京、天津、河北、山东、山西、宁夏、甘肃等地。

寄主： 榆、刺槐、枣、沙枣、旱柳、榆叶梅等植物。

发生与为害： 华北地区一年发生 1 代，以幼虫在被害枝条内越冬。翌年春季幼虫开始蛀食为害，5 月上旬化蛹，5 月下旬成虫开始羽化，羽化孔圆形或椭圆形。成虫有群集性，飞翔能力强，新羽化成虫取食枣花补充营养，经常在枣树上群集交尾，将卵产在主干中部上下的伤口、裂缝及木栓层处。卵期约 10 天，幼虫孵化后直接蛀入皮下，于韧皮部与木质部间为害，并排出黄色粪便，到 10 月气温下降后幼虫蛀入木质部越冬。红缘天牛对生长衰弱的树木为害较为严重，极易引起枝条干枯或风折，甚至整株死亡（彩图3-07）。

防治方法：

①在成虫交尾期人工捕杀效果较好。

②及时清理受害严重的植株和枝条，减少虫源。

③在成虫羽化期喷洒400亿孢子/g球孢白僵菌1 500～2 500倍液，或4.5%高效氯氰菊酯乳油2 000～3 000倍液防治。

④释放天敌：幼虫期释放川硬皮肿腿蜂，按害虫与天敌1∶10的比例释放。

3－08 刺角天牛

学名： *Trirachys orientalis* Hope，属鞘翅目天牛科。

分布： 华北、西北、华中等地。

寄主： 垂柳、旱柳、槐树、臭椿、合欢、榆树、杨、刺槐等植物。

发生与为害： 华北地区两年发生1代，少数三年发生1代，以幼虫或成虫在被害树木蛀道内越冬。翌年5～6月间成虫开始活动飞出，取食树叶、嫩枝补充营养，卵散产于中老龄树、衰弱树的树干基部或树干上的皮缝、伤口边缘或旧羽化孔等处，卵期7～9天，初孵幼虫先取食皮层后蛀入韧皮部及木质部为害，并排出虫粪和木屑。造成树势衰弱，为害严重时可使植株死亡（彩图3-08）。

防治方法：

①伐除受害严重的树木，集中处理。

②成虫期人工捕杀。

③在成虫羽化期向树干和大枝喷洒8%绿色威雷300～400倍液杀灭成虫，或向树体喷洒50%辛硫磷乳油1 000～1 500倍液进行防治。

④树木注干，在树干下距地面 5 ~ 10cm 处打洞，洞径 0.8 ~ 1.0cm，深3.0 ~5.0cm，洞口稍高，以防止药剂流出。按每胸径 1cm 注入药量为 1ml，注入 10 ~50 倍液 5% 啶虫脒乳油或 6% 吡虫啉可溶性液剂，然后用药泥封口。

⑤释放天敌：5 月中旬在天牛幼虫期释放天敌花绒寄甲，每棵有虫株至少放 2 头。

3 -09 四点象天牛

学名： *Mesosa myops* Dalman，属鞘翅目天牛科，别名黄斑眼纹天牛。

分布： 全国各地。

寄主： 柳、杨、榆、核桃、栎、柏、苹果等植物。

发生与为害： 华北地区两年发生 1 代，以幼虫在寄主枝干蛀道内越冬或以成虫在落叶层下、寄主树干裂缝内越冬。越冬幼虫 7 ~8 月在蛀道内化蛹，8 月羽化飞出，10 月上旬寻找适宜的场所越冬；越冬成虫 5 月开始活动，多在晴天中午取食寄主枝干的嫩皮，5 月中下旬是成虫的产卵盛期，雌成虫大多在寄主的主干或侧枝的裂缝等处产卵，一般高度不超过 2.5m 的范围内，产卵前先用上颚咬树皮成刻槽，然后将卵产在刻槽内，覆以胶质物，每处产卵一粒，5 月末、6 月初新孵幼虫在韧皮部和木质部钻蛀为害，10 月初开始在蛀道内越冬，翌年继续为害（彩图 3-09）。

防治方法：

①适地适树，增强生长势，提高抗性。

②在害虫发生严重地区清除落叶，杀灭越冬成虫。

③在成虫羽化期喷洒 400 亿孢子/g 球孢白僵菌 1 500 ~2 500 倍液，或 4.5% 高效氯氰菊酯乳油 2 000 ~3 000 倍液防治。

④树木注干，在树干上距地面 5 ~ 10cm 处打孔，孔径 0.8 ~

1.0cm，深3.0～5.0cm，洞口稍高，以防止药剂流出。按每胸径1cm注入药量为1ml，注入6%吡虫啉可溶性液剂，然后用药泥封口。

3－10 家茸天牛

学名：*Trichoferus campestris* Faldermana，属鞘翅目天牛科。

分布：东北、华北、华东、西北等地。

寄主：刺槐、杨、柳、悬铃木等园林植物。

发生与为害：华北地区一年1代，以幼虫在寄主树干内越冬。翌年3月中下旬恢复蛀食为害，5月下旬至6月上旬成虫羽化，夜间略有趋光性，有假死性。产卵于3cm以上枝条破损处的皮下、裂缝里，卵期10天左右，初孵幼虫从产卵处钻入韧皮部与木质部之间蛀食为害，形成不规则的扁宽坑道，11月份陆续越冬（彩图3-10）。

防治方法：

①成虫产卵期人工捕杀成虫。

②安装频振式杀虫灯诱杀成虫。

③成虫产卵期和幼虫初孵期喷施1.2%苦·烟乳油1 000～2 000倍液或50%辛硫磷乳油1 000～2 000倍液防治。

④树木注干，可采用5%啶虫脒乳油或6%吡虫啉可溶性液剂20～50倍液，按每胸径1cm注入药量为1ml。

⑤保护和利用啄木鸟等天敌。

3－11 日本双棘长蠹

学名：*Sinoxylon japonicus* Lesne.，属鞘翅目长蠹科，别名双齿长蠹虫、二齿茎长蠹。

分布：华北、华中、西北、西南等地。

寄主： 栾树、国槐等植物。

发生与为害： 华北地区一年发生1代，以成虫在枝条内越冬。翌年4月被害枝条发芽时开始取食为害，4月下旬成虫飞出交尾。将卵产在越冬枝干韧皮部坑道内，每坑道产卵百余粒不等，卵期5天左右。5~6月为幼虫为害期，以3~5龄幼虫食量最大。有时将枝条内木质部全部食光，在完整的树皮内充满白色碎末。6月上旬有的老熟幼虫开始化蛹，蛹期6天。6月上旬始见成虫，成虫如食量充足在原虫道串食为害，并不外出迁移为害。在7~8月可见成虫外出活动，8月中下旬又返回蛀道内为害。10月下旬至11月初，成虫又转移到直径2cm的新枝条上为害，一般多选叶芽下方蛀入，并横向蛀食树皮，坑道呈环状，切断树皮的输导功能，然后在坑道内越冬。在秋冬季节大风来时，被害枝梢从环形蛀道处折断，影响翌年植物生长（彩图3-11-1~3-11-2）。

防治方法：

①及时剪除受害枯枝，并集中烧毁。

②成虫捕食期喷施5%高效氯氰菊酯乳油2 500~3 000倍液，或喷施1.2%苦·烟乳油800~1 000倍液喷雾防治。

③幼虫为害期根施3%呋喃丹颗粒剂，用量4~6g/m^2，随后灌透水1次，防治效果较好。

3－12 白蜡窄吉丁

学名： *Agrilus marcopoli* Obenberger，属鞘翅目吉丁虫科，别名花曲柳窄吉丁、岑小吉丁虫。

分布： 黑龙江、吉林、辽宁、内蒙古、河北、天津、北京、山东等地，国外朝鲜、蒙古、日本也有分布。

寄主： 绒毛白蜡、枫杨。

发生与为害： 华北地区一年发生1代，以幼虫在韧皮部与木质部之间越冬。翌年4月上中旬开始活动，4月下旬开始化蛹。成虫于5月中旬开始羽化，羽化孔呈“D”字形，喜取食绒毛白蜡叶片补充营养，常将被害叶咬成不规则缺刻。卵多产于阳光充足的干基和皮缝，每处产卵1粒。卵期7～9天。幼虫孵化后即蛀入树体，在韧皮部和木质部浅表层取食，造成树皮暴裂、树干皮层枯死，1～2年后树皮作斑块状脱落。由于输导组织被破坏，致使树木枝干枯萎，甚至全株死亡。9月老熟幼虫陆续越冬（彩图3-12）。

防治方法：

①加强栽植苗木的检疫，防止人为传播扩散。

②加强抚育和水肥管理，增强树势；及时伐除受害严重的树木。

③在5月初成虫羽化前安装白蜡窄吉丁诱捕器诱杀成虫。

④6月至8月上旬当幼虫在皮下或木质部为害时，释放管氏肿腿蜂，放蜂量与虫数之比为1∶2。

⑤成虫羽化盛期喷施8%绿色威雷300～400倍液；或2.5%溴氰菊酯乳油2 500～3 000倍液，或50%辛硫磷乳油1 000～1 500倍液等药剂，每10天喷一次。

⑥幼虫期可采用6%吡虫啉可溶性液剂稀释20～30倍液后注干，按树木胸径每1cm，注射1ml为宜。

3－13 臭椿沟眶象

学名： *Eucryptorrhynchus brandti* Harold，属鞘翅目象甲科。

分布： 北京、天津、河北、山东、山西、内蒙古等地。

寄主： 臭椿、千头椿。

发生与为害： 华北地区一年发生1代，有两种越冬虫态，一种是以成虫在树干周围的浅土层中越冬，4月中旬至5月中旬钻出土层，交尾，产卵；另一种以幼虫在树干内越冬，翌年5月化

蛹，6～7 月成虫羽化，羽化孔圆形，7～8 月为成虫盛发期。成虫具假死性，如受惊扰即卷缩坠地。成虫取食寄主叶片补充营养，产卵时先用口器咬破韧皮部，在其内产卵，然后用喙将卵推到韧皮部内层，初孵幼虫先咬食皮层，稍大后即钻入木质部为害。幼虫主要为害树干及大枝，常造成树木折枝，破坏皮层疏导组织，为害严重时整株死亡（彩图 3-13）。

防治方法：

①利用成虫的假死性，于清晨振落捕杀成虫。

②成虫盛发期，在枝干上喷洒 8% 绿色威雷 300～400 倍液防治。

③成虫产卵期和幼虫孵化期在树干及大枝上喷洒 20% 菊杀乳油 1 500～2 000 倍液，或 50% 辛硫磷乳油 1 000～1 500 倍液等药剂杀死产卵成虫及初孵幼虫。

3－14 沟眶象

学名： *Eucryptorrhynchus chinensis* Olivier，属鞘翅目象甲科。

沟眶象与臭椿沟眶象为近缘种，其分布、寄主、发生与为害很相似，防治方法也相同（彩图 3-14）。

3－15 芳香木蠹蛾东方亚种

学名： *Cossus cossus orientalis* Gaede，属鳞翅目木蠹蛾科。

分布： 东北、华北、西北等地，国外俄罗斯、朝鲜、日本也有分布。

寄主： 悬铃木、杨、柳、榆、国槐、刺槐、绒毛白蜡、丁香、梨、桃等植物。

发生与为害： 华北地区两年发生 1 代，跨三年，以幼虫越冬。第一年孵化的幼虫第一年在树干内越冬；第二年秋季老熟幼虫发育到15～18龄后，陆续由排粪孔爬出，坠落地面，寻觅向阳、松软、干燥处钻入土中作薄茧越冬；第三年的4月、5月份越冬幼虫化蛹，蛹期约20天，5月、6月间出现成虫，具趋光性，成虫羽化后寻觅杂草、灌木、树干等场所静伏不动，至晚间飞翔交尾、产卵，卵多产于树冠干枝基部的树皮裂缝或旧蛀孔处，产卵部位以离地1～1.5m的主干裂缝较多，初孵幼虫群集蛀入树皮为害，后在蛀道内蛀食木质部，形成宽阔和不规则且能互相连通的蛀道，使寄主的枝干和根茎的木质部受害，破坏树木的生理机能，使树势衰弱，形成枯梢或干枝，甚至整株死亡，对树木为害较重（彩图3-15-1～3-15-2）。

防治方法：

①加强管理，增强树势，伐除受害严重的枝干，以减少虫源。

②安装频振式杀虫灯诱杀成虫。

③在初孵幼虫期，可用50%辛硫磷乳油1 000～1 500倍液，或2.5%溴氰菊酯乳油3 500～4 000倍液喷雾防治。

④药剂注射虫孔、毒杀孔内幼虫，对已蛀入干内的中、老龄幼虫，用兽医针筒向虫孔注射6%吡虫啉可溶性液剂20～30倍液。

⑤树木注干，使用5%啶虫脒乳油10～50倍液，按树木胸径每1cm，注射1～1.5ml。

3－16 小线角木蠹蛾

学名： *Holcoccerus insularis* Staudinger，属鳞翅目木蠹蛾科，别名小褐木蠹蛾。

分布： 东北、华北、华中、华东、西北等地。

寄主： 槐树、龙爪槐、绒毛白蜡、丁香、元宝枫、海棠等植物。

发生与为害： 华北地区两年发生1代，以幼虫在枝干木质部内越冬。翌年3月幼虫开始出蛰活动。幼虫化蛹时间很不整齐，5月

下旬至8月上旬为化蛹期，蛹期约20天。6~8月均有成虫发生，成虫羽化后，蛹壳一半露在羽化孔外，成虫有趋光性，日伏夜出。卵产在树皮裂缝或各种伤疤处，呈块状，卵期约15天。初孵幼虫顺树皮缝爬行，钻蛀至形成层群集为害，三龄后逐渐蛀入木质部。每年3~11月为幼虫为害期，低龄幼虫与老龄幼虫均在树干蛀道内越冬。受害树木常发生风折、枯枝，甚至整株死亡（彩图3-16）。

防治方法：参照芳香木蠹蛾东方亚种。

3-17 六星黑点豹蠹蛾

学名：*Zeuzera leuconotum* Butler，属鳞翅目木蠹蛾科。

分布：辽宁、北京、天津、河北、山东、山西、陕西、内蒙古等地。

寄主：小叶黄杨、绒毛白蜡、大叶黄杨、悬铃木、金叶女贞、金银木。

发生与为害：华北地区一年发生1代，以老熟幼虫在被害枝条内越冬。翌年4月上旬越冬幼虫开始活动为害，5月中旬陆续化蛹，6月上旬成虫羽化，羽化时将一半蛹壳留于羽化孔中。成虫具趋光性，夜间交尾和产卵。卵一般产在树皮缝及枝条分叉处，卵期约20天。幼虫活跃，有转移为害的习性。幼虫先绕枝条环食木质部，然后在木质部蛀食孔道。为害时排出大量颗粒状木屑，不同的寄主往往木屑的颜色有所不同。10月份老熟幼虫蛀入两年生枝条内越冬。常造成受害树木枝叶枯萎，重者整株枯死（彩图3-17）。

防治方法：参照芳香木蠹蛾东方亚种。

3-18 榆木蠹蛾

学名：*Holcocerus vicarious* Walker，属鳞翅目木蠹蛾科。

分布：黑龙江、吉林、辽宁、河北、山东、山西、陕西、宁夏、甘肃、内蒙古、北京、天津等地。

寄主：杨、柳、榆、刺槐、丁香、金银木、核桃、稠李、苹果等植物。

发生与为害：华北地区两年发生 1 代，以幼虫在土壤中做茧越冬。翌年 4 月幼虫化蛹，蛹期 10～15 天，5 月中旬至 9 月下旬均有成虫出现，成虫羽化后即可交尾，产卵于树皮裂缝、枝干伤疤等处，卵期 13～15 天，6 月中下旬幼虫孵化，初孵幼虫群居取食卵壳和树皮，后侵入树体，先在韧皮部和边材为害，五龄后沿树干爬行至根颈部钻入为害，此后不再转移，致使根茎部内被为害成蜂窝状，10 月下旬幼虫在蛀道内越冬。该虫为害根茎部位和枝干，造成枝条枯死，甚至整株死亡（彩图 3-18）。

防治方法：参照芳香木蠹蛾东方亚种。

3－19 香椿蛀斑螟

学名：*Hypsipyla* sp.，属鳞翅目螟蛾科。

分布：北京、天津、河北、山东等地。

寄主：香椿。

发生与为害：华北地区一年发生 1 代，以大龄幼虫在树干内越冬。翌年 3 月下旬越冬幼虫开始取食为害，5 月初爬出虫孔在树皮缝、虫孔口、凹陷处吐丝结茧化蛹，蛹期 1 个月左右，6 月上旬成虫开始羽化，产卵于树皮缝、伤口等处，幼虫孵化后蛀入皮下，在韧皮部与木质部之间蛀食，形成横向不规则虫道，并在枝干上形成伤口，从伤口排出虫粪，流出胶液。幼树至几十年生的大树均能受害，使树木输导组织被破坏，为害严重时会导致枝干枯死（彩图 3-19-1～3-19-3）。

防治方法：

①春季剪掉受害枝条，集中烧毁；化蛹期，人工摘除茧蛹。

②安装频振式杀虫灯诱杀成虫。

③越冬幼虫爬出化蛹时，喷施50%辛硫磷乳油1 000 ~1 500倍液，或1.8%阿维菌素5 000 ~6 000倍液，或含量为16 000IU/mg的Bt可湿性粉剂1 000 ~1 500倍液防治。

3 -20 桃蛀螟

学名： *Dichocrocis punctiferalis* Guenee，属鳞翅目螟蛾科。

分布： 北京、天津、河北、山东、山西、黑龙江、辽宁、陕西、甘肃等地。

寄主： 悬铃木、桃、梨、石榴、碧桃、无花果等园林植物的果实。

发生与为害： 华北地区一年发生2代，以老熟幼虫在树皮缝隙内作茧越冬。翌年5月中下旬羽化，白天静伏叶背阴暗处，夜间交尾产卵，卵散产在枝叶茂密的桃树果实上。卵期6 ~8天，初孵幼虫孵化后即蛀入幼果、枝梢内取食，果实被害后即由蛀孔分泌黄褐色的透明胶汁，并有虫粪堆集其上。幼虫经15 ~20天老熟，6月下旬至7月上旬于果内、果与果之间、果与枝相接处作茧化蛹，蛹期8天。7月中旬出现第二代成虫，产卵于悬铃木的果实上。9月下旬，幼虫老熟，爬到树皮裂缝等处作茧越冬。成虫对黑光灯和糖醋液趋性较强（彩图3-20）。

防治方法： 参照香椿蛀斑螟。

3 -21 亚洲玉米螟

学名： *Ostyinia furnacali* Guenee，属鳞翅目螟蛾科。

分布： 北京、天津、河北、山东、山西、黑龙江、辽宁、陕西、甘肃等地。

寄主： 大丽花、菊花、美人蕉等植物。

发生与为害：华北地区一年2代，以幼虫在蛀道内越冬。翌年5月下旬成虫羽化，昼伏夜出，趋光性较强，成虫产卵于寄主上部叶片的叶背面，卵期约7天，初孵幼虫从寄主的芽或叶柄基部蛀入茎内，蛀孔口常粘有黑色虫粪，幼虫有转移为害的习性。8～9月为害最严重，10月下旬幼虫开始越冬（彩图3-21）。

防治方法：参照香椿蛀斑螟。

3－22 国槐小卷蛾

学名：*Cydia trasias* Megrick，属鳞翅目卷蛾科，别名国槐叶柄小蛾、槐柄小蛾。

分布：北京、天津、河北、山西、山东、陕西、宁夏、甘肃等地。

寄主：槐树、龙爪槐、蝴蝶槐。

发生与为害：华北地区一年发生2～3代，以高龄幼虫在果荚、树皮裂缝等处越冬。成虫发生期分别在5月中旬至6月中旬、7月中旬至8月上旬。成虫羽化时间以上午最多，飞翔力强，有较强的向阳性和趋光性。雌成虫将卵产在叶片背面，其次产在小枝或嫩梢伤疤处。每处产卵1粒，卵期为7天左右。初孵幼虫寻找新梢的叶柄基部后，先吐丝拉网，然后钻入叶柄基部为害，为害处常见胶状物中混杂有虫粪。有迁移为害习性，一头幼虫可造成几个复叶脱落。老熟幼虫在孔内吐丝作薄茧化蛹，蛹期9天左右。两代幼虫为害期分别发生在6月上旬至7月下旬、7月中旬至9月。6月、7月世代重叠严重，可见到各种虫态（彩图3-22-1～3-22-4）。

防治方法：

①安装频振式杀虫灯诱杀成虫。

②在冬季或春季，剪除槐豆荚和有虫枝，消灭越冬幼虫。

③于5月上旬悬挂国槐小卷蛾诱捕器诱杀雄成虫，7月上旬和

8月中旬更换诱芯，随时视诱蛾情况更换粘虫板。

④初孵幼虫期，喷洒含量为16 000IU/mg的Bt可湿性粉剂1 000～1 500倍液，或50%辛硫磷乳油1 000～1 500倍液防治。

⑤保护天敌，如一些寄生性的茧蜂、小蜂以及一些捕食性的蝽类。

3－23 梨小食心虫

学名： *Grapholitha molesta* Busck，属鳞翅目卷蛾科，别名梨小、桃折梢虫、梨小蛀果蛾。

分布： 北京、天津、河北、山西、山东、陕西、宁夏、甘肃等地。

寄主： 碧桃、柿、木瓜、海棠、刺梨、杏、桃等植物。

发生与为害： 华北地区一年发生3～4代，以老熟幼虫在枝干、树皮缝隙或土中、草根等处结茧越冬。翌年4月上中旬开始化蛹，4月中下旬出现成虫，成虫产卵于叶片背面，幼虫孵化后即从新梢蛀入为害，当幼虫蛀入到较硬的木质部时即转移另一新梢为害，一般转移2～3次，5月为第一代幼虫为害期，第二代幼虫6月下旬至7月为害，第三代幼虫8月中旬开始为害，9月底幼虫作茧越冬。该虫为害严重时可造成树冠嫩梢全部枯黄萎蔫，影响生长和观瞻（彩图3-23-1～3-23-2）。

防治方法： 除悬挂梨小食心虫诱捕器外，其他参照国槐小卷蛾。

3－24 白杨透翅蛾

学名： *Paranthrene tabaniformis* Rottenberg，属鳞翅目透翅蛾科。

分布： 北京、天津、河北、山东、山西、黑龙江、辽宁、吉林、山西等地。

寄主： 杨、柳、银白杨、北京杨、新疆杨等植物。

发生与为害：华北地区一年发生1代，以幼虫在寄主隧道中越冬。翌年4月上旬越冬幼虫开始活动，5月上中旬老熟幼虫开始在虫瘿上部化蛹，蛹体穿破堵塞的木屑将身体2/3伸出羽化孔外，蛹期约15天，6～8月为成虫羽化期，遗留下的蛹壳在树体上经久不掉，成虫白天活动，喜光，飞翔力强而迅速，卵多产于1～2年生幼树叶柄基部、有绒毛的枝干上、伤疤、树皮裂缝等处，卵期为10天左右，幼虫孵化后即蛀入木质部与韧皮部之间取食，一直为害到越冬，在枝干处形成虫瘿，枝干细时，常将周围咬通，造成枝干倒折（彩图3-24-1～3-24-2）。

防治方法：

①剪除虫瘿或用粗铁丝沿排粪孔钩杀幼虫。

②成虫产卵期和幼虫初孵期喷施1.2%苦·烟乳油1 000～1 200倍液防治。

③在排粪孔注射6%吡虫啉可溶性液剂100～200倍液防治幼虫。

④保护和利用啄木鸟、透翅蛾姬小蜂等天敌。

3－25 白蜡哈氏茎蜂

学名：*Hartigia vistrix* Smith.，属膜翅目茎蜂科。

分布：河北、天津、北京等地。

寄主：绒毛白蜡、洋白蜡、白蜡树等植物。

发生与为害：华北地区一年发生1代，以幼虫在当年生枝条髓部越冬。翌年3月上中旬至3月底，绒毛白蜡芽萌动前后陆续化蛹；4月中下旬，绒毛白蜡当年生枝条长至10～20cm、弱短枝停止生长时开始羽化；4月下旬至5月上旬，初孵幼虫从复叶叶柄处蛀入嫩枝髓部为害，5月中下旬，可见受害萎蔫青枯的复叶。幼虫一直在当年生枝条内串食为害并越冬（彩图3-25-1～3-25-4）。

防治方法：

①加强养护管理，生长季节随时剪除受害萎蔫或倒折的枝条，结合冬季树木修剪，消灭越冬幼虫。

②于4月初悬挂黄色粘虫板诱杀成虫，效果较好。

③卵孵化期在树坑的周围挖沟，按树木每胸径1cm施入3%呋喃丹颗粒剂8～10g，施完后立即浇透水1遍。

④在4月中下旬，白蜡哈氏茎蜂成虫羽化期至幼虫孵化期，采用50%辛硫磷乳油1 500～2 000倍液；或4.5%高效氯氰菊酯2 500～3 000倍液；或20%菊杀乳油1 500～2 000倍液喷雾防治。

⑤树木注干，采用6%吡虫啉可溶性液剂稀释10～20倍，按树木每胸径1cm注入1ml药液，用以毒杀成虫和初孵幼虫。

3-26 月季茎蜂

学名： *Neosyrista similes* Moscary，属膜翅目茎蜂科。

分布： 华北、华中、西北、西南和华东地区。

寄主： 月季、蔷薇、玫瑰、黄刺玫等植物。

发生与为害： 华北地区一年发生1代，以幼虫在被害枝条内越冬。翌年3月下旬幼虫开始活动为害，使被害枝梢枯萎折断；4月老熟幼虫在新梢内化蛹；5月上中旬成虫羽化，进行短距离飞行后产卵。卵多产在当年生枝条嫩梢上和含苞待放的花梗上，也可产在叶片表面及茎干处，成虫产卵前，先用锯状产卵器在枝梢上锯1～3道“∧”形产卵痕，卵仅产于下边一道卵痕之中，每个枝条产1粒卵。5月下旬幼虫孵化，从嫩梢蛀入髓部，沿着髓部逐渐向下蛀食为害，幼虫可多次转移枝梢为害。常造成寄主新梢和花梗萎蔫、下垂，为害较重（彩图3-26-1～3-26-2）。

防治方法：

①月季茎蜂的成虫不善于长距离飞翔，设计种植时不能品种过

于单一，以便形成四周的天然隔离带，阻止其蔓延传播。

②冬剪时剪除带虫枝条并烧毁。如虫体已蛀入根部，可用注射器向蛀孔内注入6%吡虫啉可溶性液剂，并立即用泥土封固。

③成虫羽化盛期和卵孵化期喷洒20%菊杀乳油1 500～2 000倍液或在植物根部埋施3%呋喃丹颗粒剂防治。

④加强养护管理，生长季节随时剪除受害萎蔫或倒折的枝条。

四、地下害虫

4 -01 小地老虎

学名：*Agrotis ypsilon* Rottemberg，属鳞翅目夜蛾科，别名土蚕、地蚕、黑土蚕、黑地蚕。

分布：全国各地。

寄主：草坪、菊花、一串红、万寿菊、孔雀草、百日草、鸡冠花、香石竹、金盏菊、羽衣甘蓝等植物。

发生与为害：华北地区一年发生3代，但在北方越冬虫态尚不清楚。3月下旬出现成虫，卵多产在土表或寄主植物的叶背；初孵幼虫取食嫩叶，3～4龄后白天潜入土中，夜间为害，有假死性，受惊即卷缩成环。5～6月、8月、9～10月为幼虫为害期。幼虫常将咬断的幼苗拖在洞口，易于发现。成虫飞翔力很强，对糖、醋、蜜、酒等香、甜物质特别喜好，对光具有较强的趋性（彩图4-01）。

防治方法：

①加强养护管理，及时清理杂草。

②诱杀成虫：安装频振式杀虫灯，或用糖醋液（红糖6份：醋3份：白酒1份，加入胃毒性农药和水）诱杀成虫。

③毒饵诱杀幼虫：用新鲜细嫩多汁的杂草，喷5～10倍90%敌百虫可溶性粉剂，傍晚撒在幼虫出入的地方进行诱杀。

④喷药防治：低龄幼虫期，喷施含量为16 000IU/mg的Bt可湿性粉剂1 000～1 500倍液；或20%除虫脲悬浮剂6 000～7 000倍

液；或1.2%苦·烟乳油1 000～1 200倍液防治。

⑤毒土触杀：用50%辛硫磷乳油、水、细土按1∶10∶100的比例拌成毒土，撒入土壤内毒杀幼虫。

⑥药剂灌根：幼虫发生严重时，用50%辛硫磷乳油1 000～1 500倍液泼浇寄主根际周围。

4－02 黄地老虎

学名：*Agrotis segetum* Denis et Schiffermüller，属鳞翅目夜蛾科，别名土蚕、地蚕、切根虫、截虫。

分布：除广东、海南、广西未见报道外，其他省区均有分布。

寄主：草坪、地被、草本花卉等植物。

发生与为害：华北地区一年发生3～4代，以老熟幼虫在浅土层越冬。翌年3月下旬开始化蛹，4月中下旬进入化蛹盛期，5月为羽化盛期。成虫昼伏夜出，喜食糖、醋、酒等香味物质，有趋光性。4月下旬开始产卵，5月中旬为产卵盛期，卵多产于叶背面，6～10月为幼虫为害期。初孵幼虫取食叶片，严重时造成整株萎蔫死亡，一般春秋两季为害最重，春季为害重于秋季。10月末幼虫陆续越冬（彩图4-02）。

防治方法：参照小地老虎的防治方法。

4－03 东方蝼蛄

学名：*Gryllotalpa orientalis* Burmeister，属直翅目蝼蛄科，别名土狗、地狗、拉拉蛄。

分布：全国各地。

寄主：草坪、杨、柳、柏、海棠、悬铃木、雪松、鸢尾等植物。

发生与为害：华北地区两年发生1代，以成虫和有翅若虫在土

穴中越冬。翌年4月上旬开始活动，在土下25～30cm处可穿成纵横隧道，4月中下旬至5月为害最重；6月上旬成虫交尾、产卵。成虫善飞翔，趋光性强，在盐碱地虫口密度最大。若虫共五龄，为害到9月，蜕皮变为成虫，10月下旬入土越冬，发育晚的则以若虫越冬（彩图4-03）。

防治方法：

①施用的有机肥一定要腐熟，避免蝼蛄前来产卵。

②成虫具有很强的趋光性，可安装频振式杀虫灯诱杀成虫。

③在土壤中拌入触杀性农药，使蝼蛄感染而死；或用麦麸等谷类炒香制成毒饵诱杀若虫或成虫。

④发现受害处，可用50%辛硫磷乳油1 000～1 500倍液泼浇根际周围，毒杀成虫、若虫。

⑤保护和利用喜鹊等食虫鸟类。

4－04 油葫芦

学名：*Gryllus testaceus* Walker，属直翅目蟋蟀科。

分布：华北、华东、华南等地。

寄主：草坪、草本花卉等植物。

发生与为害：华北地区一年发生1代，以卵在土壤中越冬。翌年4月中下旬，越冬卵陆续孵化，5月上旬至8月上旬为若虫发生期。若虫行动敏捷，但多不跳跃。成虫5月下旬陆续羽化，昼伏夜出，喜栖息于阴凉潮湿、土壤疏松、有薄草层的环境条件下生活，趋光性强，常数十头群居。雌成虫交尾2～3天后，在杂草多的地方产卵，10月中下旬成虫死亡，成虫寿命长达200多天。若虫孵化后，常数头或数十头在寄主根部咬食，造成苗木断根死亡（彩图4-04）。

防治方法：

①堆草诱杀：利用油葫芦喜栖息在薄草堆的习性，可把修剪后的草坪草堆成堆，诱杀群集的若虫或成虫。如配合毒饵，效果更好。

②成虫具有较强的趋光性，可安装频振式杀虫灯诱杀成虫。

③用50%辛硫磷乳油1 000～1 500倍液泼浇根际周围，毒杀成虫、若虫。

4－05 大黑鳃金龟

学名： *Holotrichia oblita* Faldermanns，属鞘翅目鳃金龟科。

分布： 东北、华北、西北等地。

寄主： 桑、榆、杨、李、山楂、苹果、草坪草等园林植物。

发生与为害： 华北地区两年发生1代，以成虫或幼虫在土壤中越冬，逢奇数年成虫发生量大。越冬成虫4月下旬开始出土，成虫昼伏夜出，有趋光性；卵一般散产于表土中，卵期15～22天，孵化盛期在7月中下旬。初孵幼虫先取食土中腐殖质，后取食植物根系。幼虫共三龄，当10cm深土温降至12℃以下时，即下迁0.5～1.5m处作土室越冬（彩图4-05）。

防治方法：

①栽培措施防治：绿地内不施未腐熟的有机肥料，不为其创造适宜生存的环境。

②物理防治：利用其趋光性，安装频振式杀虫灯诱杀成虫；或利用其假死性，在早、晚震落成虫捕杀。

③喷药防治：成虫发生盛期，喷洒含量为400亿孢子/g球孢白僵菌2 500～3 000倍液。

④毒土触杀：用50%辛硫磷乳油、水、细土按1∶10∶100的比例拌成毒土，撒入土壤内毒杀幼虫。

⑤药剂灌根：幼虫发生严重时，用50%辛硫磷乳油1 000～1 500倍液泼浇寄主根际周围。

4－06 黑绒鳃金龟

学名： *Maladera orientalis* Motschulsky，属鞘翅目鳃金龟科，别名天鹅绒金龟子、东方金龟子。

分布： 东北、华北、西北、西南及华东部分地区。

寄主： 月季、梨、山楂、桃、杨、柳、榆、白三叶等多种植物。

发生与为害： 华北地区一年发生1代，以成虫在土内越冬。翌年4月中旬出土活动，主要为害叶片，严重时可将叶全部吃光。4月末至6月上旬为出土活动盛期，6月末虫量减少，7月很少见到成虫，有雨后集中出土的习性。成虫在日落前后从土中爬出活动，飞翔力强，傍晚取食，有趋光性和假死性。卵产于表土层，初孵幼虫以腐殖质和幼根为食，一般不造成太大危害。老熟幼虫潜伏在土内化蛹，羽化盛期在8月中下旬，除个别出土取食外，大部分成虫不出土而进行越冬（彩图4-06）。

防治方法： 参照大黑鳃金龟的防治方法。

4－07 小黄鳃金龟

学名： *Metabolus flavescens* Brenske，属鞘翅目鳃金龟科。

分布： 东北、华北、华东等地。

寄主： 杨、柳、海棠、苹果、梨、丁香等园林植物。

发生与为害： 华北地区一年发生1代，以三龄幼虫在地下越冬。翌年3月上旬开始活动，4月中旬至5月中旬幼虫食害植物根部；5月下旬至6月上旬为化蛹期；6月下旬为成虫羽化盛期。成虫白天潜伏在寄主植物周围的表土层，黄昏时开始食害寄主植物的叶片补充营养，有趋光性和假死性，7 月初产卵；7 月下旬至 10 月上旬为幼虫为害期，10 月中旬以三龄幼虫陆续下移越冬（彩图 4- 07）。

防治方法：参照大黑鳃金龟的防治方法。

4 –08 铜绿丽金龟

学名：*Anomala corpulenta* Motschulsky，属鞘翅目丽金龟科，别名铜绿金龟子、铜绿异丽金龟、青金龟子、淡绿金龟子。

分布：东北、华北、西北、华东等地。

寄主：杨、柳、桃、月季、樱花、女贞、紫薇、苹果、梨等多种园林植物。

发生与为害：华北地区一年发生 1 代，以三龄幼虫在土中越冬。翌年 5 月化蛹，蛹期 20 天左右，化蛹很整齐。6 ~8 月为成虫期，6 月下旬至 7 月中旬为羽化盛期。该虫白天潜伏在表土层或杂草下，傍晚飞向寄主取食为害，晚 19：00 ~21：00 时活动最盛，整夜取食叶片，严重时常把叶片吃光，仅留叶脉。成虫有趋光性、趋化性及假死性。成虫补充营养后交尾，卵产于疏松土中，卵期约 10 天。7 月可见到新一代幼虫，幼虫于清晨和黄昏由土中爬出，咬食近地表的植物细根及幼茎，11 月潜伏深土层中越冬（彩图 4-08）。

防治方法：参照大黑鳃金龟的防治方法。

4 –09 无斑弧丽金龟

学名：*Popillia mutans* Newman，属鞘翅目丽金龟科，别名蓝紫金龟、墨绿丽金龟。

分布：内蒙古、辽宁、北京、天津、河北、山东、山西、陕西等地。

寄主：木槿、月季、紫薇、国槐、蜀葵等园林植物。

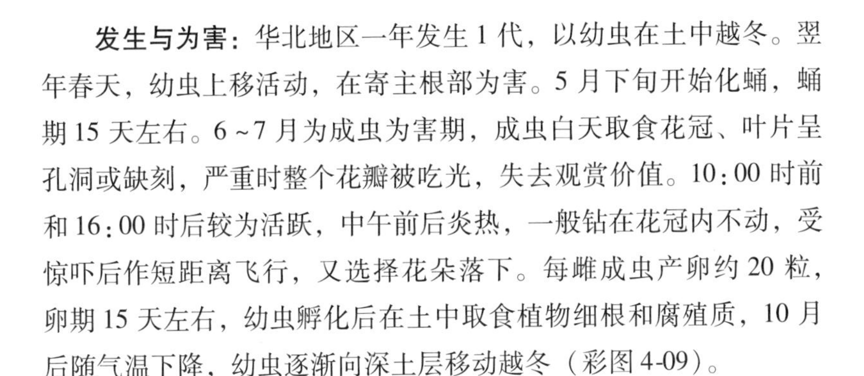

发生与为害：华北地区一年发生1代，以幼虫在土中越冬。翌年春天，幼虫上移活动，在寄主根部为害。5月下旬开始化蛹，蛹期15天左右。6～7月为成虫为害期，成虫白天取食花冠、叶片呈孔洞或缺刻，严重时整个花瓣被吃光，失去观赏价值。10:00时前和16:00时后较为活跃，中午前后炎热，一般钻在花冠内不动，受惊吓后作短距离飞行，又选择花朵落下。每雌成虫产卵约20粒，卵期15天左右，幼虫孵化后在土中取食植物细根和腐殖质，10月后随气温下降，幼虫逐渐向深土层移动越冬（彩图4-09）。

防治方法：

①白天在花丛中，人工捕捉成虫。

②成虫量大时，可喷洒含量为400亿孢子/g球孢白僵菌2 500～3 000倍液，或50%辛硫磷乳油1 500～2 000倍液等，杀死白天取食花、叶的成虫。

③用50%辛硫磷乳油、水、细土按1∶10∶100的比例拌成毒土，撒入土壤内毒杀幼虫。

4－10 四纹丽金龟

学名：*Popillia quadriguttata* Fabricius，属鞘翅目丽金龟科，别名中华弧丽金龟、葡萄金龟子、豆金龟子、四斑丽金龟。

分布：东北、华北、西北等地。

寄主：月季、葡萄、海棠、苹果、山楂、梨、榆、杨、柳、紫穗槐等园林植物。

发生与为害：华北地区一年发生1代，以三龄幼虫在深土层内越冬。翌年4月幼虫活动到土表为害，5～6月幼虫老熟作蛹室化蛹，6～7月为成虫为害盛期。成虫飞行能力强，白天群集蚕食花、叶，夜间入土潜伏，有假死性，但无趋光性，寿命25天左右。雌虫出土2～3日即交尾，卵产于2～5cm浅土中，幼虫孵化后在土壤中以腐殖质和植物的嫩根为食，8 月中旬前后幼虫达到三龄，11 月中旬在深土中越冬（彩图 4-10）。

防治方法：

①物理防治：利用其假死性，在早、晚震落成虫捕杀。

②喷药防治：在临近花期，喷洒含量为 400 亿孢子/g 球孢白僵菌 2 500 ~ 3 000 倍液，每 10 天 1 次，连喷 2 ~ 3 次，杀死白天取食花、叶的成虫。

③毒土触杀：用 50% 辛硫磷乳油、水、细土按 1∶10∶100 的比例拌成毒土，撒入土壤内毒杀幼虫。

4 –11 小青花金龟

学名： *Oxycetonia jucunda* Faldermann，属鞘翅目花金龟科，别名小青花潜。

分布： 北京、天津、河北、山东、山西、辽宁、陕西、甘肃等地。

寄主： 珍珠梅、丁香、月季、玫瑰、海棠、苹果、梨、萱草、秋葵、美人蕉等植物。

发生与为害： 华北地区一年发生 1 代，以成虫在土中越冬。翌年 4 ~ 5 月成虫陆续出土活动，苹果、山楂等开花季节是其活动为害盛期。成虫喜群栖为害，有假死性，晴天 10:00 时到14:00时最活跃，常几头或几十头在植物上取食，造成花蕾、花冠和花蕊破烂不全，同时也是飞翔交尾盛期，其他时间在花朵或土壤里潜伏。成虫产卵于土中，6 ~ 7 月份始见幼虫。幼虫在土中取食嫩苗和幼根，直至秋季化蛹，羽化后就地越冬（彩图 4-11）。

防治方法： 参照无斑弧丽金龟的防治方法。

4 –12 白星花金龟

学名： *Potosia brevitarsis* Lewis，属鞘翅目花金龟科，别名白花

潜金龟、白纹铜花金龟、白星金龟子、铜克螂。

分布：华北、东北、西北、华东、华南等地。

寄主：月季、樱花、海棠、苹果、梨、桃、苦楝、木槿、葡萄等多种园林植物。

发生与为害：华北地区一年发生1代，以成虫或2~3龄幼虫在杂草丛或土内越冬。翌年5月上旬开始化蛹，5月下旬出现成虫，6~7月为成虫发生盛期，为害较重，9月中下旬数量逐渐减少。成虫夜伏昼出，喜食植物的花、果。常数头或十余头群集果实、树干烂皮、伤流处吸食汁液，成虫对糖醋有趋性，但无趋光性。成虫7月以后开始产卵，卵产在堆肥、腐物堆、富含腐殖质多的土中。幼虫以腐殖质为食物，一般不造成为害（彩图4-12）。

防治方法：

①利用其假死性，在早、晚震落成虫捕杀。

②喷洒含量为400亿孢子/g球孢白僵菌2 500~3 000倍液，或用10%吡虫啉可湿性粉剂1 500~2 000倍液等。

③施用有机肥时要充分腐熟，防止成虫产卵。

4－13 细胸金针虫

学名：*Agriotes fuscicollis* Miwa，属鞘翅目叩头甲科，别名细胸叩头虫、细胸叩头甲、土蚰蜒。

分布：主要在我国北方。

寄主：多种花卉、草坪、园林树木等植物。

发生与为害：华北地区两年左右完成1代，以成虫、幼虫在土壤内越冬。6月中下旬成虫羽化，活动能力强，对刚腐烂的禾本科草类有趋性。6月下旬至7月上旬为产卵盛期，卵产于表土内。幼虫喜潮湿的土壤，耐低温能力强，当平均气温0℃时，即开始上升到表土层，啃食多种幼苗的根、嫩茎和萌芽初期的种子，使根部逐步受损，形成斑块，造成枯萎斑，以致造成植物死亡。一般在 5 月份为害严重，7 月上中旬逐渐停止为害，9 月上旬开始降温后又进行为害。11 月下旬成虫、幼虫潜入土中越冬（彩图 4-13）。

防治方法：

①用 5% 辛硫磷颗粒剂施入土壤。

②成虫期喷施含量为 400 亿孢子/g 的球孢白僵菌 1 500 ~ 2 500 倍液。

③利用成虫对杂草的趋性，在绿地周边堆草诱杀。将拔下的杂草堆成宽 40 ~ 50cm、高 10 ~ 16cm 的草堆，在草堆内撒入触杀类药剂，毒杀成虫。

④保护和利用天敌，金针虫的天敌有蜘蛛、鸟类等。

参考文献

[1] 张广学，钟铁森．中国经济昆虫志，同翅目，蚜虫类（一）[M]．北京：科学出版社，1985.
[2] 萧刚柔．中国森林昆虫（第二版）[M]．北京：中国林业出版社，1992.
[3] 崔巍，高宝嘉．华北经济树种主要蚧虫及其防治 [M]．北京：中国林业出版社，1995.
[4] 董保华，等．汉拉英花卉及观赏树木名称 [M]．北京：中国农业出版社，1996.
[5] 徐明慧．园林植物病虫害防治 [M]．北京：中国林业出版社，1998.
[6] 杨子琦，等．园林植物病虫害防治图鉴 [M]．北京：中国林业出版社，2002.
[7] 李照会．农业昆虫鉴定 [M]．北京：中国农业出版社，2002.
[8] 徐公天．园林绿色植保技术 [M]．北京：中国农业出版社，2003.
[9] 蔡平，祝树德．园林植物昆虫学 [M]．北京：中国农业出版社，2003.
[10] 夏希纳，等．园林观赏树木病虫害无公害防治．北京：中国农业出版社，2004.
[11] 吴时英．城市森林病虫害图鉴 [M]．上海：上海科学技术出版社，2005.
[12] 徐志华．园林花卉病虫生态图鉴 [M]．北京：中国林业出版社，2006.
[13] 张连生．北方园林植物常见病虫害防治手册 [M]．北京：中国林业出版社，2007.
[14] 徐公天，杨志华．中国园林害虫 [M]．北京：中国林业出版社，2007.
[15] 乔格侠，等．河北动物志，蚜虫类 [M]．石家庄：河北科学技术出版社，2009.

[16] 刘世儒，战翠花．香椿蛀斑螟研究初报［J］．山东林业科技，1987（2）．

[17] 张桂芬，等．用性信息素诱捕法防治槐小卷蛾研究［J］．生态学报，2001（10）．

[18] 桂炳中，徐现杰．华北石油园林植物害虫发生的原因和无公害防治技术［J］．河北林业科技，2005（4）．

[19] 桂炳中，张军海，贾强．甘薯跃盲蝽为害草坪草和白三叶初步观察［J］．中国植保导刊，2010（8）．

[20] 张君明，虞国跃，周卫川．条华蜗牛的识别与防治［J］．植物保护，2011（6）．

[21] 桂炳中，及瑞芬，杨红卫．黑边天蛾生物学特性的初步观察［J］．中国森林病虫，2013（3）．

[22] 桂炳中，王谊玲，杨红卫．不同颜色粘虫板防治白蜡哈氏茎蜂试验初报［J］．河北林业科技，2013（3）．

彩图1-01-1　茶翅蝽——成虫

彩图1-01-2　茶翅蝽——初孵若虫

彩图1-02-1　麻皮蝽——卵和若虫

彩图1-02-2　麻皮蝽——若虫

彩图1-02-3　麻皮蝽——成虫

彩图1-03-1　红脊长蝽——若虫

彩图1-03-2　红脊长蝽——成虫交尾

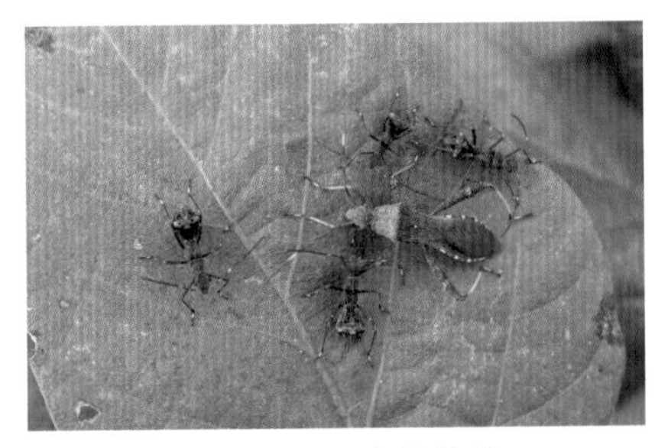

彩图1-04　点蜂缘蝽

彩图1-05-1　梨冠网蝽——若虫

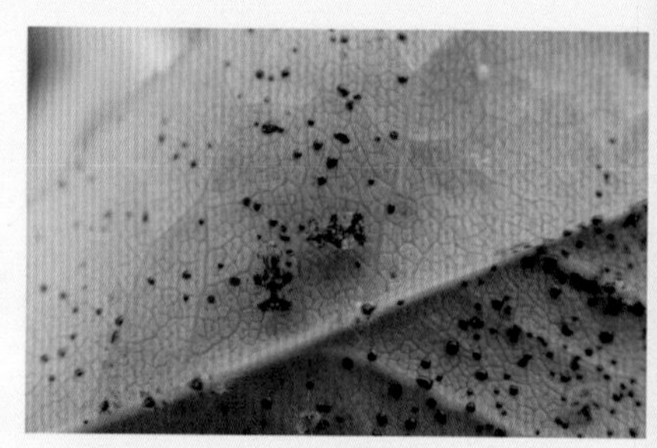

彩图1-05-2　梨冠网蝽——成虫

彩图1-06　甘薯跃盲蝽

彩图1-07-1　蚱蝉——若虫

彩图1-07-2　蚱蝉——成虫

彩图1-08　大青叶蝉

彩图1-09　小绿叶蝉

彩图1-10-1　斑衣蜡蝉——低龄若虫

彩图1-10-2　斑衣蜡蝉——三龄蜕变成四龄

彩图1-10-3　斑衣蜡蝉产卵

彩图1-11　合欢羞木虱

彩图1-12　梧桐木虱

彩图1-13-1　槐豆木虱——若虫

彩图1-13-2　槐豆木虱——成虫

彩图1-14-1　温室白粉虱——若虫

彩图1-14-2　温室白粉虱——成虫

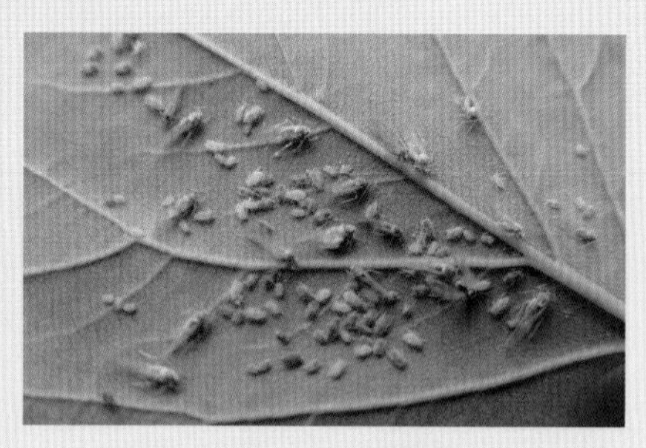

彩图1-15　桃蚜

彩图1-16　桃粉蚜

彩图1-17　桃瘤蚜

彩图1-18　柏大蚜

彩图1-19　白毛蚜

彩图1-20　刺槐蚜

彩图1-21　柳黑毛蚜

彩图1-22　杨花毛蚜

彩图1-23　棉蚜

彩图1-24-1　月季长管蚜

彩图1-24-2　月季长管蚜（橙红色）

彩图1-25-1　栾多态毛蚜1

彩图1-25-2　栾多态毛蚜2

彩图1-26　紫薇长斑蚜

彩图1-27　秋四脉绵蚜

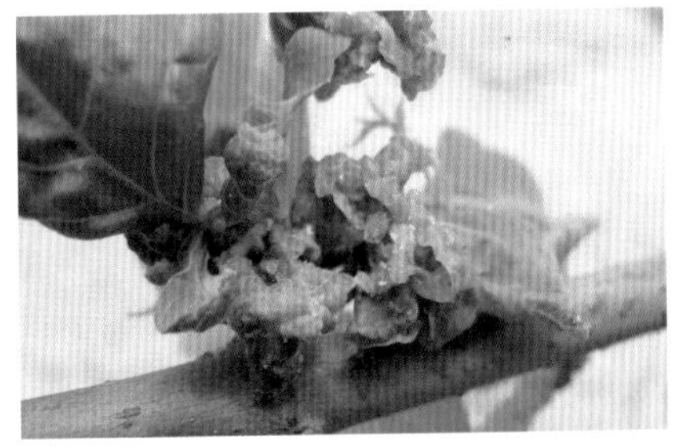

彩图1-28　白蜡树卷叶绵蚜

彩图1-29　绣线菊蚜

彩图1-30　胡萝卜微管蚜

彩图1-31　印度修尾蚜

彩图1-32　草履蚧

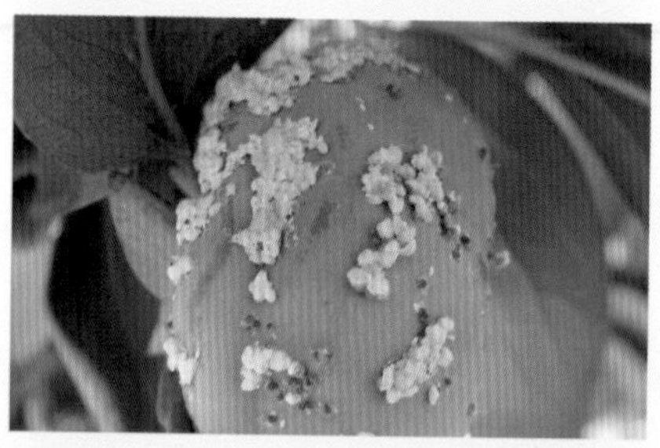

彩图1-33　柿绒蚧

彩图1-34　紫薇绒蚧

彩图1-35　白蜡绵粉蚧

彩图1-36　山西品粉蚧

彩图1-37　日本龟蜡蚧

彩图1-38　瘤坚大球蚧

彩图1-39　苹果球蚧

彩图1-40　朝鲜球坚蚧

彩图1-41　月季白轮盾蚧

彩图1-42　桑白盾蚧

彩图1-43　卫矛矢尖盾蚧

彩图1-44　柳刺皮瘿螨

彩图1-45　桑始叶螨

彩图1-46　山楂叶螨

彩图1-47　麦岩螨

彩图1-48　毛白杨瘿螨

彩图2-01-1　美国白蛾——幼虫

彩图2-01-2　美国白蛾交尾

彩图2-01-3　美国白蛾产卵

彩图2-01-4　美国白蛾——蛹

彩图2-02-1　褐边绿刺蛾——成虫

彩图2-02-2　褐边绿刺蛾——幼虫

彩图2-03　扁刺蛾

彩图2-04-1　黄刺蛾——成虫

彩图2-04-2　黄刺蛾——幼虫

彩图2-04-3　黄刺蛾——茧

彩图2-05　双齿绿刺蛾

彩图2-06　桑褐刺蛾

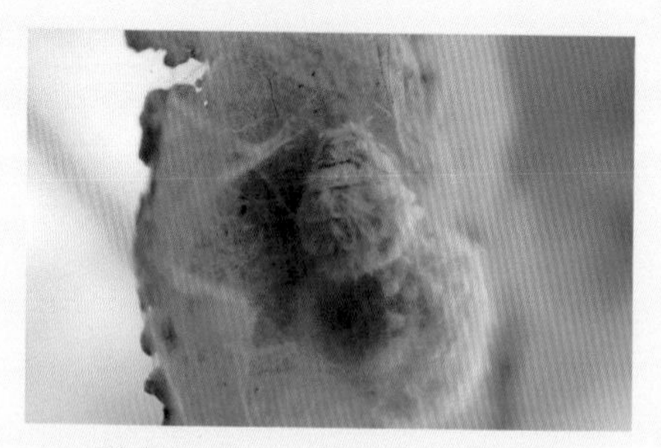

彩图2-07-1　角斑台毒蛾产卵

彩图2-07-2　角斑台毒蛾——雄成虫

彩图2-07-3　角斑台毒蛾——幼虫

彩图2-08-1　黄尾毒蛾——成虫

彩图2-08-2　黄尾毒蛾——幼虫

彩图2-09　榆毒蛾

彩图2-10-1　舞毒蛾——雄成虫

彩图2-10-2　舞毒蛾——幼虫

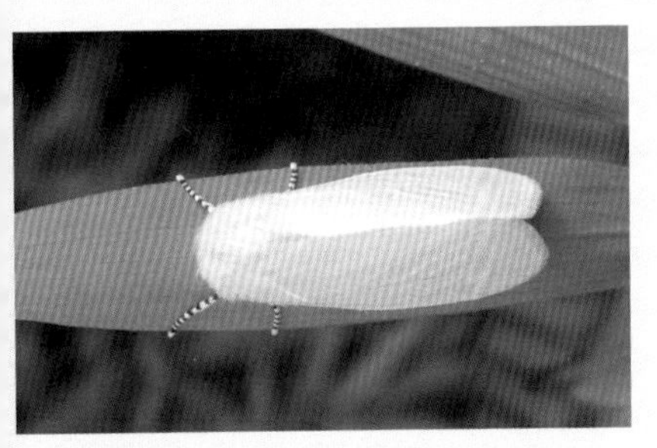

彩图2-11-1　柳毒蛾——成虫

彩图2-11-2　柳毒蛾——幼虫

彩图2-12-1　霜天蛾——成虫

彩图2-12-2　霜天蛾——幼虫

彩图2-12-3　霜天蛾——蛹

彩图2-13-1　蓝目天蛾——成虫

彩图2-13-2　蓝目天蛾——幼虫

彩图2-14-1　豆天蛾——成虫

彩图2-14-2　豆天蛾——幼虫

彩图2-15-1　葡萄天蛾——成虫

彩图2-15-2　葡萄天蛾——幼虫

彩图2-16　白薯天蛾

彩图2-17-1　黑边天蛾——成虫

彩图2-17-2　黑边天蛾——幼虫

彩图2-17-3　黑边天蛾——蛹

彩图2-18　榆绿天蛾

彩图2-19　桃六点天蛾

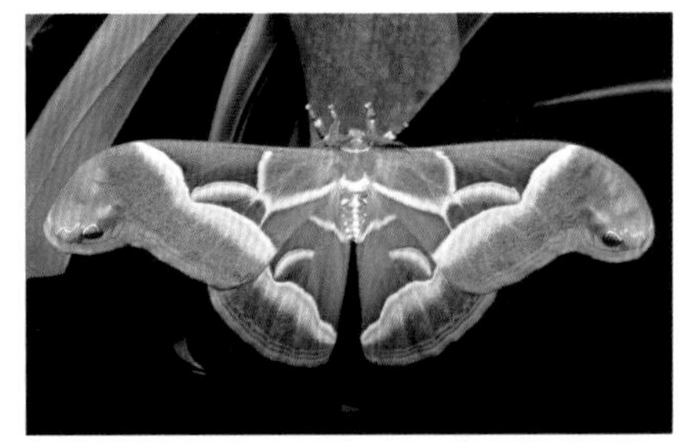
彩图2-20-1　樗蚕蛾——成虫

彩图2-20-2　樗蚕蛾——幼虫

彩图2-21-1　大蓑蛾——护囊1

彩图2-21-2　大蓑蛾——护囊2

彩图2-22-1　小蓑蛾——护囊

彩图2-22-2　小蓑蛾——幼虫

彩图2-23-1　国槐尺蛾——成虫

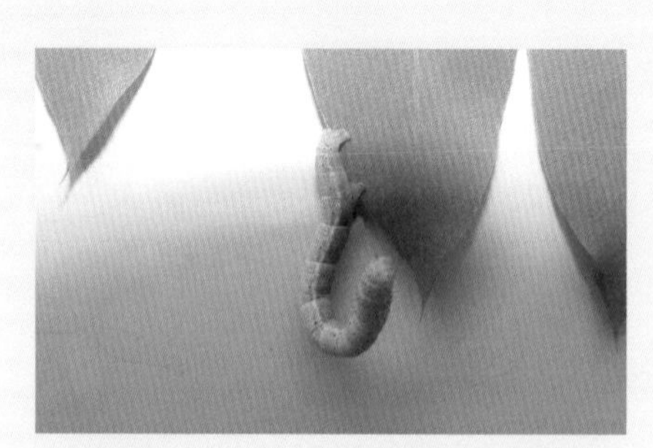
彩图2-23-2　国槐尺蛾——幼虫

彩图2-24-1　桑褶翅尺蛾——成虫

彩图2-24-2　桑褶翅尺蛾——幼虫

彩图2-25-1　丝棉木金星尺蛾——成虫

彩图2-25-2　丝棉木金星尺蛾——幼虫

彩图2-26-1　淡剑夜蛾——成虫

彩图2-26-2　淡剑夜蛾——蛹和幼虫

彩图2-27-1　棉铃虫——成虫

彩图2-27-2　棉铃虫——幼虫

彩图2-28　黏虫

彩图2-29　桑剑纹夜蛾

彩图2-30-1　杨扇舟蛾交尾

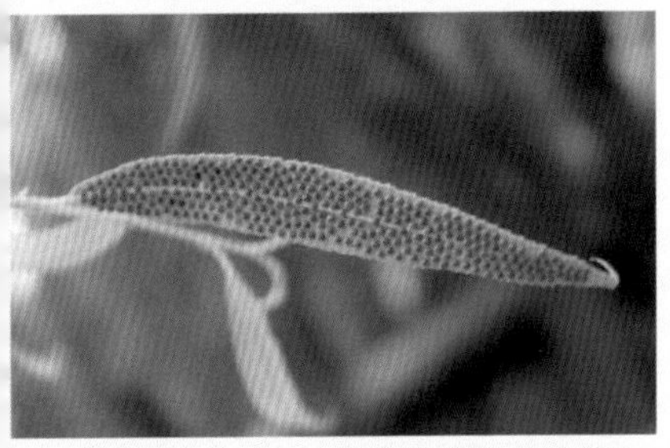

彩图2-30-2　杨扇舟蛾——卵

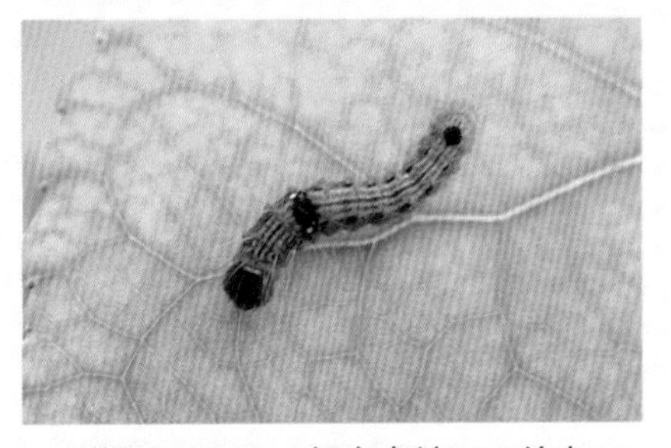

彩图2-30-3　杨扇舟蛾——幼虫

彩图2-31-1　槐羽舟蛾——成虫

彩图2-31-2　槐羽舟蛾——幼虫

彩图2-32　大叶黄杨长毛斑蛾

彩图2-33-1　梨星毛虫——成虫

彩图2-33-2　梨星毛虫——幼虫

彩图2-34　网锥额野螟

彩图2-35-1　黄杨绢野螟——成虫

彩图2-35-2　黄杨绢野螟——幼虫

彩图2-36　甜菜白带野螟

彩图2-37-1　棉大卷叶螟——成虫

彩图2-37-2　棉大卷叶螟——幼虫

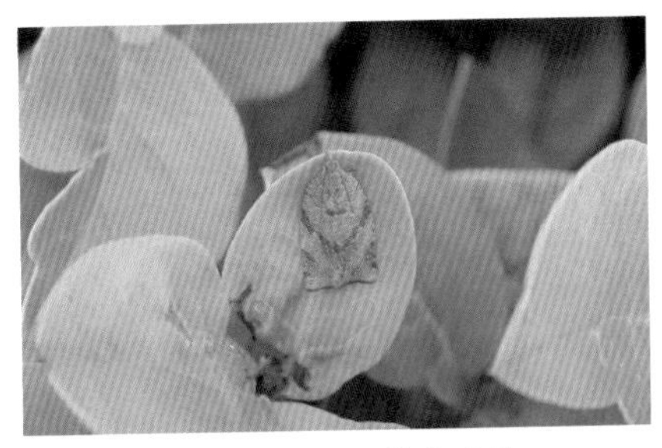

彩图2-38　褐带卷叶蛾

彩图2-39-1　蔷薇叶蜂产卵

彩图2-39-2　蔷薇叶蜂——幼虫

彩图2-40-1　柑橘凤蝶——蛹

彩图2-40-2　柑橘凤蝶——幼虫

彩图2-40-3　柑橘凤蝶——成虫

彩图2-41-1　二十八星瓢虫——成虫

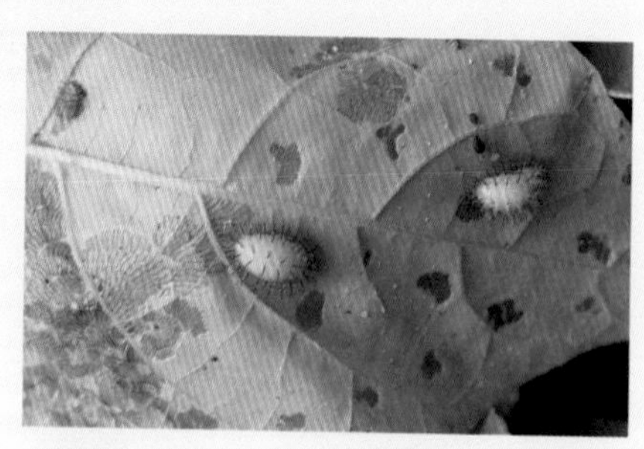
彩图2-41-2 二十八星瓢虫——幼虫

彩图2-42-1 枸杞负泥虫——成虫

彩图2-42-2 枸杞负泥虫——幼虫

彩图2-43-1 榆蓝叶甲——成虫

彩图2-43-2 榆蓝叶甲——幼虫

彩图2-43-3 榆蓝叶甲——蛹

彩图2-43-4 榆蓝叶甲——卵和初孵幼虫

彩图2-44 大灰象甲

彩图2-45　马陆

彩图2-46　野蛞蝓

彩图2-47　条华蜗牛

彩图3-01-1　光肩星天牛——成虫

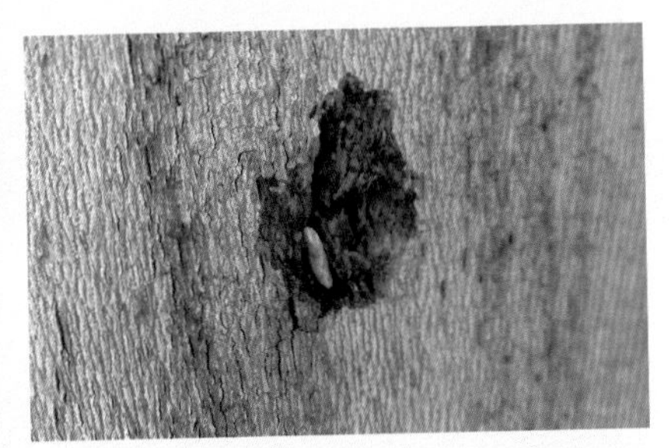

彩图3-01-2　光肩星天牛——卵

彩图3-01-3　光肩星天牛——蛹

彩图3-01-4　光肩星天牛——幼虫

彩图3-02-1　桑天牛——成虫

彩图3-02-2　桑天牛——幼虫

彩图3-03-1　桃红颈天牛——成虫

彩图3-03-2　桃红颈天牛——排泄物

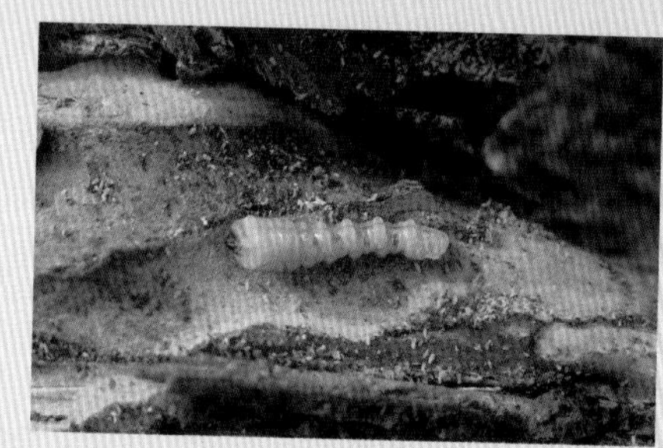

彩图3-03-3　桃红颈天牛——幼虫

彩图3-04-1　双条杉天牛——成虫

彩图3-04-2　双条杉天牛——幼虫

彩图3-05-1　双斑锦天牛——蛹

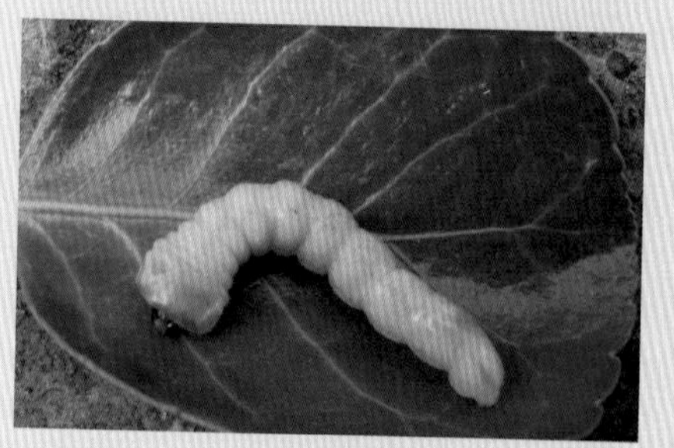

彩图3-05-2　双斑锦天牛——幼虫

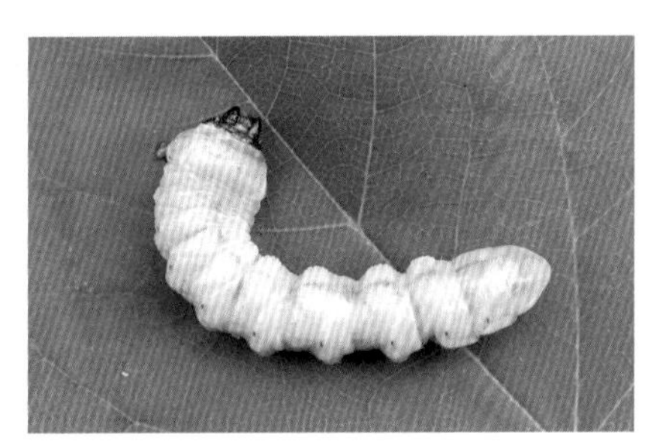

彩图3-06-1　锈色粒肩天牛——幼虫1

彩图3-06-2　锈色粒肩天牛——幼虫2

彩图3-07　红缘天牛

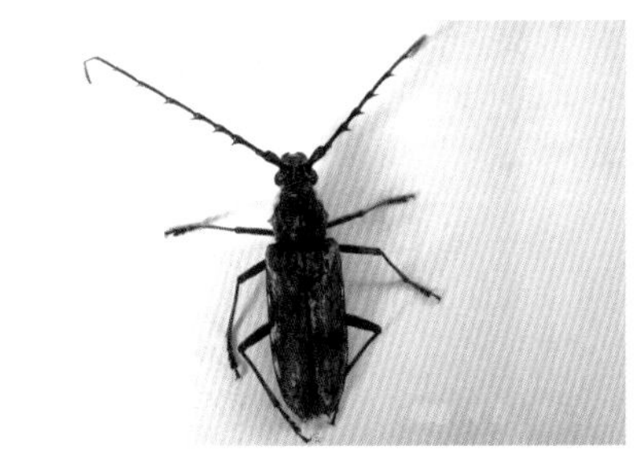

彩图3-08　刺角天牛

彩图3-09　四点象天牛

彩图3-10　家茸天牛

彩图3-11-1　日本双棘长蠹

彩图3-11-2　日本双棘长蠹——羽化孔

彩图3-12 白蜡窄吉丁——成虫

彩图3-13 臭椿沟眶象

彩图3-14 沟眶象

彩图3-15-1 芳香木蠹蛾东方亚种——成虫

彩图3-15-2 芳香木蠹蛾东方亚种——幼虫

彩图3-16 小线角木蠹蛾

彩图3-17 六星黑点豹蠹蛾

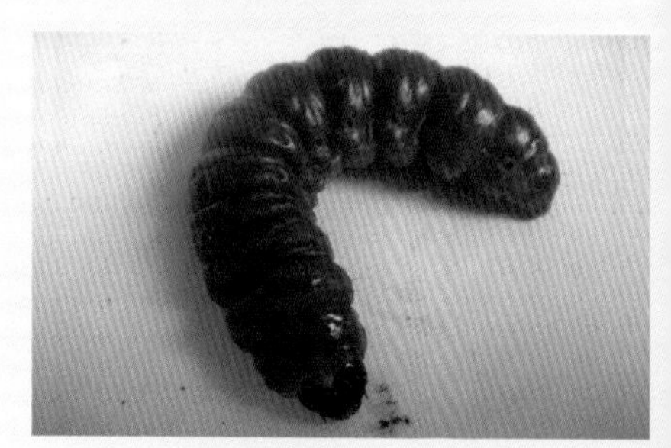

彩图3-18 榆木蠹蛾

彩图3-19-1　香椿蛀斑螟——成虫

彩图3-19-2　香椿蛀斑螟——蛹

彩图3-19-3　香椿蛀斑螟——幼虫

彩图3-20　桃蛀螟

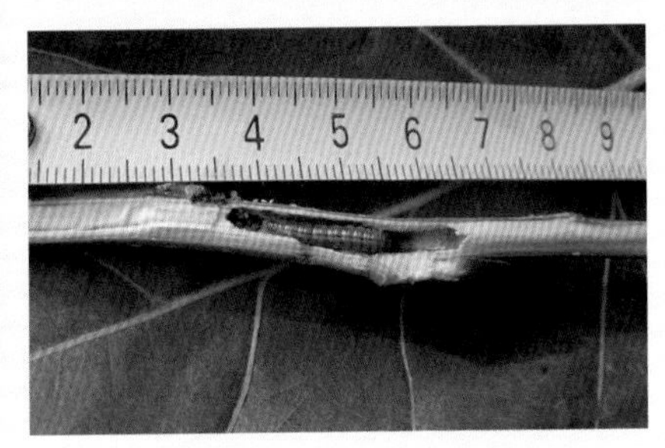

彩图3-21　亚洲玉米螟

彩图3-22-1　国槐小卷蛾——排泄物

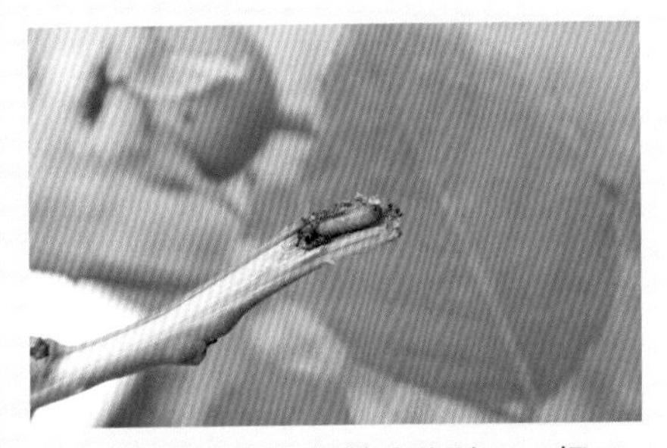

彩图3-22-2　国槐小卷蛾——蛹

彩图3-22-3　国槐小卷蛾——幼虫

彩图3-22-4　国槐小卷蛾——成虫

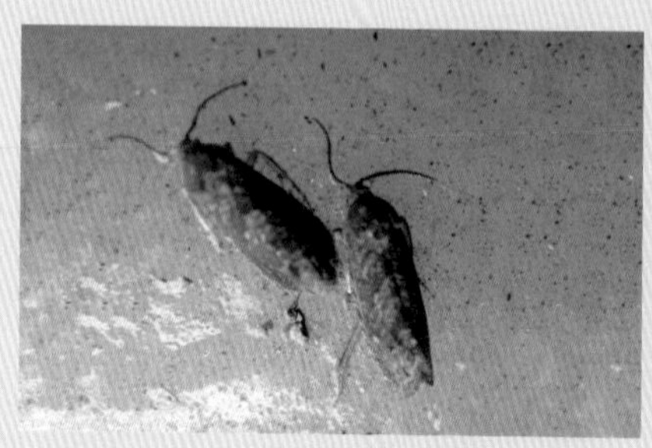

彩图3-23-1　梨小食心虫——成虫

彩图3-23-2　梨小食心虫——幼虫

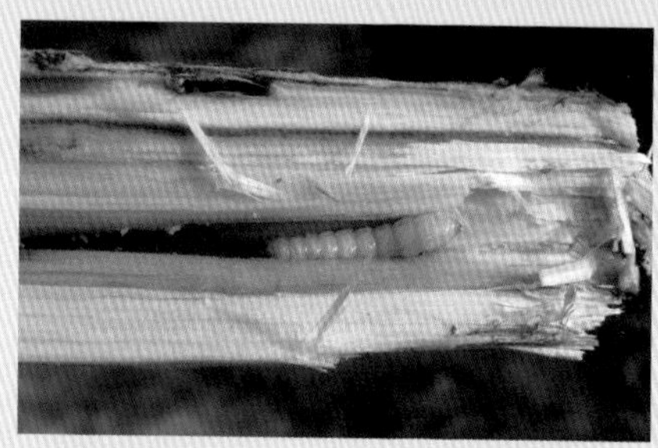

彩图3-24-1　白杨透翅蛾——幼虫

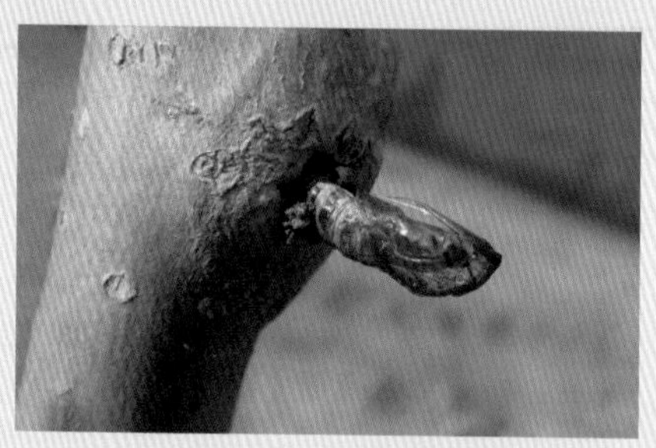

彩图3-24-2　白杨透翅蛾——蛹壳

彩图3-25-1　白蜡哈氏茎蜂——成虫

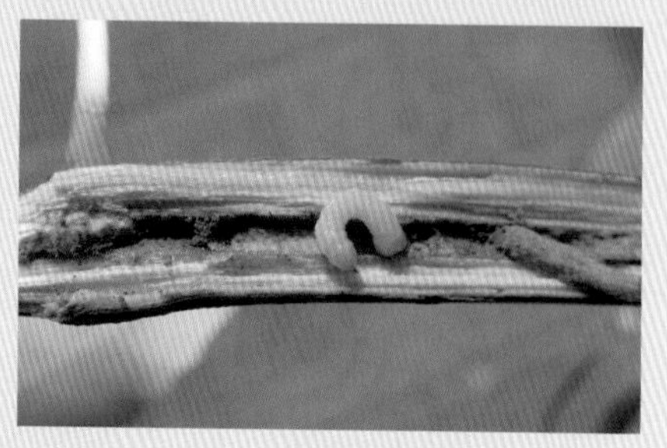

彩图3-25-2　白蜡哈氏茎蜂——幼虫

彩图3-25-3　白蜡哈氏茎蜂——羽化孔

彩图3-25-4　白蜡哈氏茎蜂——蛹

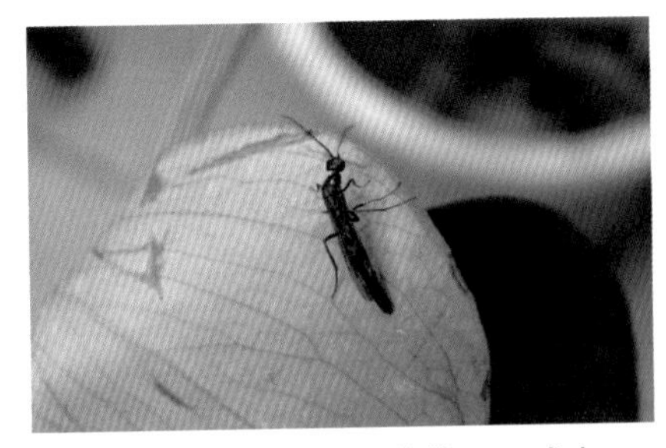
彩图3-26-1　月季茎蜂——成虫

彩图3-26-2　月季茎蜂——幼虫

彩图4-01　小地老虎

彩图4-02　黄地老虎

彩图4-03　东方蝼蛄

彩图4-04　油葫芦

彩图4-05　大黑鳃金龟

彩图4-06　黑绒鳃金龟

彩图4-07　小黄鳃金龟

彩图4-08　铜绿丽金龟

彩图4-09　无斑弧丽金龟

彩图4-10　四纹丽金龟

彩图4-11　小青花金龟

彩图4-12　白星花金龟

彩图4-13　细胸金针虫